Milan Hoyer / Klaus Jadatz

Fährtenarbeit

Milan Hoyer / Klaus Jadatz

Fährtenarbeit

Fährten lernen ohne Stress und ohne Zwang

4. Auflage

Oertel+Spörer

Bildnachweis
Titelbild: Linda Look
Innenteilbilder:
Carola Höhne S. 7 17, 24, 18, 52(2), 57(2), 61, 63, 66, 81, 87, 89; Milan Hoyer S. 9, 14, 15, 35, 36(2), 37, 38, 39, 40, 42, 46, 48(2), 50, 53, 54, 58, 59, 68, 69, 70, 71, 79; Silla und Klaus Jadatz S. 27, 28, 30(3), 31, 33(3), 45, 67, 73, 75, 76, 78, 91; Dr. Gabriele Lehari S. 11, 13, 26; Linda Look S. 64; Sporthund GmbH S. 20(5), 21
Grafiken:
Milan Hoyer S. 55(2), 60, 72; Klaus Jadatz S. 50, 51, 77

Haftungsausschluss
Die Hinweise in diesem Buch wurden von den Autoren sorgfältig recherchiert und geprüft. Es können jedoch keinerlei Garantien übernommen werden. Eine Haftung der Autoren, des Verlags und seiner Beauftragten für Personen-, Sach- und Vermögensschaden ist ausgeschlossen.

Bibliografische Information der Deutschen Nationalbibliothek
Die Deutsche Nationalbibliothek verzeichnet diese Publikation in der Deutschen Nationalbibliografie; detaillierte bibliografische Daten sind im Internet über http://dnb.d-nb.de abrufbar.

Postfach 16 42 · 72706 Reutlingen

4. Auflage
Lektorat: Dr. Gabriele Lehari
DTP und Repro: Oertel+Spörer Verlags-GmbH + Co. KG
Druck und Einband: FINIDR, s.r.o., Tschechische Republik
ISBN 978-3-88627-866-4

Inhalt

Einführung

Liebe Fährtenfreunde,

mit diesem Buch soll der Aufbau des Fährtenhundes einfach und verständlich beschrieben werden. Wie schon im Buch „Der moderne Gebrauchshund“ werden die einzelnen Schritte in Wort und Bild dargestellt. Lassen Sie sich von dem modernen „Fährten lernen ohne Stress und ohne Zwang“ begeistern.

Für die ausführliche Beschreibung wurde der sehr erfahrene und anerkannte Fährtenprofi **Milan Hoyer** hinzugezogen, um dessen Philosophie näher zu bringen und seine Methode der Ausbildung zur Fährtenarbeit zu vermitteln.

Milan Hoyer in seinem Element.

Wie diese Methode entstand

Diese Methode der Fährtenarbeit ist vor etwa 30 Jahren entwickelt worden. Zur damaligen Zeit wurde der Hund noch durch starke Zwangseinwirkungen für die Fährtenarbeit ausgebildet. Zahlreiche Hunde wurden dadurch zu Fährtenverweigerern und das höchste Gut, nämlich das Vertrauen zum Hundeführer, ging dabei verloren. Diese Probleme mussten gelöst und das Vertrauen zum Hundeführer wieder aufgebaut werden.

Aus dieser Problematik heraus entwickelte Milan das sogenannte Geruchsfeld, abgekürzt GF, für die Ausbildung zum Fährtenhund. Natürlich war nicht gleich alles perfekt. Es dauerte eine Weile, bis die optimale Größe – ungefähr 2,5 Meter im Durchmesser – feststand. Bei dieser Größe konnten sich beide, sowohl Hund als auch Hundeführer, frei im Geruchsfeld bewegen.

Das nächste Problem war die Leine. Über die Leine wurde der Zwang auf den Hund ausgeübt. Nahm der Hundeführer die Leine in die Hand, zeigte sich der Hund ängstlich. Deswegen ist nach der hier beschriebenen Methode die Leine im Geruchsfeld immer auf dem Boden, damit keine direkte Verbindung zwischen Hund und Hundeführer stattfindet. Das gibt dem Hund Sicherheit.

Der nächste Schritt befasst sich damit: Wie bringe ich den Hund zum Fährten? Die Idee hierfür hatte Milan, als er erkannte, wie ruhig und konzentriert die Hunde das Geruchsfeld ausarbeiteten. Um diesen Vorgang nicht zu unterbrechen, entstand das sogenannte „Schwänzle“, die Trittfährte aus dem Geruchsfeld heraus, was später detailliert beschrieben wird. Dadurch konnte der Hund weiter ruhig und selbstständig suchen. Im Schwänzle ist es wichtig, die Tritte so zu gestalten, dass der Hund den Verlauf Tritt für Tritt verfolgen kann und in jedem Tritt ein Leckerli vorfindet. Dadurch wird der Hund von Schwänzle zu Schwänzle immer sicherer.

Beim Training hält sich der Hundeführer anfangs immer hinter Milan auf und übernimmt erst die Führung des Hundes, wenn der Hund absolut sicher den Verlauf verfolgt und der Hundeführer ohne jegliche Zwangseinwirkungen arbeitet.

Diese Methode funktioniert nur, wenn man alles perfekt und präzise darstellt. Und es hat funktioniert.

Damals konnte Milan sehr vielen Kollegen damit helfen. Ende der 1980er- und Anfang der 1990er-Jahre ist Milan schon des Öfteren gefragt worden, ob er Seminare abhalten würde oder ein Buch darüber schreiben möchte. Damals hatte

Zu Anfang des Trainings hält sich der Hundeführer immer hinter Milan auf, bis der Hund sicher der Fährte folgt.

er beruflich bedingt wenig Zeit und konnte deswegen weder Seminare geben noch ein Buch schreiben.

Fährtenarbeit ist für Milan aber eine große Passion und so hat er über die Jahre diese Methode immer weiter verbessert und verfeinert.

Unter Fährtenspezialisten war Milan schon damals nicht nur in Deutschland, sondern auch im Ausland bekannt. Mit dem Internet hat seine Methode weltweit nicht nur einen Namen, sondern auch großen Zuspruch bekommen. „Fährten lernen ohne Stress und ohne Zwang" – diese Methode ist einmalig auf der ganzen Welt.

Für Hundeführer, die Probleme mit ihren Hunden haben, gibt es nichts Besseres als das.

Diese Methode beschäftigt sich ausschließlich mit dem Aufbau und der Beschreibung zum fertigen, ohne Stress und Zwang arbeitenden Fährtenhund. Es fasst die Erfahrungen aus 50 Jahren erlebten Hundesports zusammen. Die Anleitung und Lösung zur intensiven, zielstrebigen Fährtenarbeit finden Sie – ausführlich beschrieben – in diesem Buch.

Bevor wir über den Aufbau und die Ausbildung des Fährtenhundes berichten, finden Sie noch ein Kapitel über die Nasenleistung des Hundes, in dem die wichtigsten wissenschaftlichen Erkenntnisse kurz zusammengefasst und leicht verständlich dargestellt werden (Auszüge aus dem Buch „Nasenarbeit", Oertel+Spörer 2013). Wenn Sie sich über die Nasenveranlagung, die Riechzellen und das Riechvermögen des Hundes oder andere Arbeitsmethoden, bei denen Hunde vor allem ihre Nase einsetzen müssen, noch weiter informieren möchten, finden Sie die passenden Titel dazu im anhängenden Literaturverzeichnis.

Die Nasenleistung des Hundes

Bei der Fährtenarbeit ist – wie bei vielen anderen Verwendungen des Hundes auch – vor allen Dingen die Nase gefordert. Um diese hervorragende Leistungsfähigkeit, die wir uns beim Fährten zunutze machen, zu verstehen, finden Sie hier einige Hintergrundinformationen vorweg.

Hunde gehören zu den Tieren, die sich hauptsächlich mithilfe des Geruchs orientieren. Die Nase ist für sie das wichtigste Sinnesorgan, um zu überleben, daher werden sie auch als „Nasentiere" oder Makrosmaten bezeichnet. Wir Menschen, für die der Gesichtssinn viel wichtiger ist, sind dagegen „Augentiere" oder Mikrosmaten.

Ein Hund – und vor allem sein Vorfahre der Wolf – ohne ein intaktes Riechorgan wäre stark eingeschränkt und könnte sich in der freien Natur kaum zurechtfinden oder fortpflanzen. Ist dagegen das Gehör oder die Sehleistung beeinträchtigt, kann er vieles durch die hervorragende Nasenleistung kompensieren. Denn egal, ob er Nahrung oder Wasser, einen Geschlechtspartner oder den eigenen Nachwuchs, sein Zuhause oder einen potenziellen Feind aufspüren muss, spielt der Geruchssinn die wichtigste Rolle bei der Orientierung.

Die Leistung der Hundenase übersteigt unsere Vorstellungskraft bei Weitem.

Das Wahrnehmen von Duftstoffen ist eine sehr urtümliche Art der Sinnesleistung, daher ist auch das Riechhirn der entwicklungsgeschichtlich älteste Hirnbereich. Sind beim Hund noch die sogenannten Riechkolben, wie das Riechhirn auch genannt wird, im vorderen Bereich des Gehirns stark ausgeprägt und deutlich zu erkennen, hat sich dieser Bereich beim Menschen, für den der Geruchsinn nur noch eine untergeordnete Rolle spielt, schon sehr zurückgebildet. Das Riechhirn des Hundes ist in Relation etwa 40-mal größer als das Riechhirn des Menschen.

Ist der Nasenraum eines Menschen relativ „übersichtlich" und das Riechepithel nur etwa 5 Quadratzentimeter groß, ist beim Hund durch die zahlreichen Auffaltungen die Oberfläche des Riechepithels um einiges vergrößert. Es kann etwa 200 Quadratzentimeter umfassen und ist somit ungefähr bis zu 40-mal größer als beim Menschen.

Hierbei muss man aber berücksichtigen, dass diese Größe auch von der Körpergröße des Hundes abhängig ist. Bei einem Dackel ist zum Beispiel die Riechschleimhaut kleiner als bei einem großen Schäferhund.

Grundsätzlich haben zwar alle Hunderassen eine im Vergleich zu uns hervorragende Nase und sind für das Fährten geeignet. Aber auch die Schädelform bestimmt, wie stark das Riechepithel eines Hundes ausgedehnt ist. Sehr kurznasige Tiere haben einfach viel weniger Platz, obwohl auch ihre Riechschleimhaut kompliziert gewunden und zur Oberflächenvergrößerung in tiefe Falten gelegt ist. Da die Riechzellendichte aber nicht erhöht wird, besitzen Hunde mit kurzer Schnauze folglich weniger Riechzellen als die langnasigen Rassen. Somit ist es klar, dass Hunde, die eine relativ lange Schnauze und damit Nase besitzen, eine bessere Nasenleistung erbringen können als solche mit einer extrem kurzen Schnauze.

Im Gegensatz zu den nur 12 bis 40 Millionen Riechzellen, die ein Mensch besitzt, wird die Anzahl der Riechzellen beim Hund mit bis zu 300 Millionen (es gibt sogar noch wesentlich höhere Schätzungen) angegeben.

Die höhere Riechzellenzahl verbessert zwar die Riechschärfe, ist aber nicht allein der Grund dafür, dass der Hund eine Spur sicher verfolgt. Dies hängt nämlich weiterhin von rassespezifischen Eigenschaften und vor allem von der Motivation und dem Ausbildungsstand ab. Die Art, wie ein Hund seine Nase einsetzt und wie intensiv er sich mit seiner Aufgabe beschäftigt, ist ebenso dafür verantwortlich.

In der Regel ist eine Hundenase kühl und feucht. Feuchte Sekrete werden von den Schleimdrüsen in der Nasenhöhle abgegeben und sorgen dafür, dass Moleküle aus der Luft aufgefangen und in kleinere Bestandteile aufgespalten werden. Somit werden die Geruchstoffe schon in kleineren Molekülen, als sie ursprünglich waren, an die Riechzellen weitergeleitet – ein weiterer Grund dafür, dass Hunde feinste Unterschiede von Düften wahrnehmen können.

Für die maximale Aufnahme von Geruchsstoffen unterbricht der Hund seine normale Atmung durch das typische schnelle Schnüffeln, was auch als Schnüffelatmung bezeichnet wird. Daher kann man durchaus hören, wenn der Hund konzentriert und gründlich eine Fährte ausarbeitet.

Nasenarbeit ist für einen Hund sehr anstrengend. Schon nach 20 bis 30 Minuten intensiver Nasenarbeit kann seine Körpertemperatur auf 40 °C ansteigen. Auch die Herzfrequenz nimmt zu, je schwieriger ein Geruch zu identifizieren ist, da hierfür die Frequenz der Schnüffelatmung erhöht wird. Das trifft vor allem bei Rettungshunden zu, denen im Ernstfall beim Einsatz alles bis zur Grenze ihrer Leistungsfähigkeit abverlangt wird. Dies hat zur Folge, dass der Hund mehr Körperflüssigkeit verbraucht als unter normalen Umständen. Daher muss ihm regelmäßig Trinkwasser angeboten werden, damit er seinen Wasserhaushalt ausgleichen und auch seine Nase feucht genug halten kann. Bei der Fährtenarbeit kann die Zeit, in welcher ein Hund arbeitet, in der Regel aber viel länger sein. Dennoch sollte ihm nach getaner Arbeit auch sofort freier Zugang zu Trinkwasser ermöglicht werden.

Für eine optimale Nasenleistung muss die Hundenase immer feucht genug sein.

Zwar werden die besonderen Fähigkeiten eines Hundes, was die Sinne betrifft, genetisch festgelegt und sind somit angeboren. Aber ein Welpe kommt blind und taub auf die Welt. Erst im Alter von etwa 14 Tagen nehmen Augen und Ohren allmählich ihre Arbeit auf. Anders verhält es sich mit dem Geruchssinn. Schon neugeborene Welpen können riechen, wobei sich der Geruchssinn aber während der ersten Lebensmonate noch verfeinert. Wer einen Welpen in seiner Entwicklung beobachtet, wird feststellen, wie schnell er in den ersten Lebensmonaten lernt, seine Nase einzusetzen, die für ihn mit der Zeit immer wichtiger bei der Entdeckung seiner Umwelt ist. Somit kann man durchaus schon mit einem Welpen oder Junghund die ersten Übungen für die Fährtenarbeit beginnen, solange man den Hund nicht überfordert (hierzu später mehr).

Die Nasenleistung bleibt in der Regel bis ins hohe Alter erhalten und büßt nur wenig ihrer Fähigkeiten ein. Bei geschlechtsreifen Hündinnen erreicht die Nasenleistung immer einen Höhepunkt während der Läufigkeit, da die Empfindlichkeit des Geruchssinns zyklusabhängig leicht schwankt. Der erhöhte Östrogenspiegel spielt hierbei eine Rolle. Bei Rüden ist die Leistungsfähigkeit dagegen immer gleich hoch und keinen zyklus- oder jahreszeitlich bedingten Änderungen unterworfen.

Ein weiteres interessantes Phänomen ist, dass die Hundenase nicht ermüdet. Der Geruchssinn des Hundes untergliedert die aufgenommenen Gerüche in eine Vielzahl von Einzelwahrnehmungen. Er riecht sozusagen Bilder, die der Geruchssinn in seinem Gehirn aufgliedert, so wie beim Menschen optisch Erfasstes umgesetzt wird.

Der Blütenstaub kann die Hundenase verkleben und eventuell die Nasenleistung beeinträchtigen.

Zwar gewöhnen sich die Sensoren an bestimme Gerüche. Aber sobald eine andere Duftwolke mit veränderter Konzentration oder Molekülzusammensetzung in das Riechorgan einströmt, werden die adaptierten Sinneszellen wieder aktiviert.

Außerdem wird die Luft beim Schnuppern nicht mit einem einzelnen langen Atemzug eingesogen, sondern durch die schon erwähnte Schnüffelatmung stoßweise aufgenommen. Dadurch werden die Sensoren ständig auf Empfang gehalten. Allerdings können bestimmte Umwelteinflüsse auch die Arbeit beeinträchtigen, wie das Auftreten von Blütenstaub, da er die Nase verkleben kann. Das sollte man berücksichtigen, wenn die Fährte auf einer Wiese gelegt werden soll. Denn zu hohe Vegetation, in der sich viele blühende Kräuter oder Ähnliches befinden, könnte somit auch die Nasenleistung bei der Fährtenarbeit etwas beeinträchtigen.

Ebenso interessant ist, dass Hunde – anders als wir Menschen – sowohl beim Ein- als auch beim Ausatmen riechen können. Denn wenn Menschen durch die Nase ausatmen, wird die Luft auf demselben Wege nach außen transportiert, auf dem sie hineingekommen ist, und drückt die in dem Moment ankommenden Geruchsstoffe nach draußen. Somit können wir während des Ausatmens nicht gleichzeitig riechen.

Bei der Fährtenarbeit spielt die Bodenverletzung eine entscheidende Rolle.

Atmet ein Hund aus, wird die Luft jedoch durch die seitlichen Schlitze der Nasenlöcher ausgestoßen. Auf diese Art werden neue Geruchsstoffe gleichzeitig in die Nase hineingeleitet. Dadurch können Hunde nahezu kontinuierlich Gerüche wahrnehmen, und zwar sowohl beim Ein- als auch beim Ausatmen.

Auch das Stereoriechen ist uns nicht vergönnt, dem Hund aber schon. Der Mensch kann seine Nasenlöcher nicht unabhängig voneinander bewegen, aber Hunde können das. Dieses Phänomen in Verbindung mit der Tatsache, dass die Reichweite der eintretenden Luft bei jedem Nasenloch kleiner ist als der Abstand zwischen beiden Nasenlöchern, erlaubt einem Hund das sogenannte Stereoriechen. Er kann genau feststellen, mit welchem Nasenloch er den Geruch aufgenommen hat. Somit kann er die Richtung feststellen, aus welcher der Duft kommt. Dies äußert sich darin, dass ein Hund bei einem besonders spannenden Geruch seinen Kopf immer wieder hin und her oder in verschiedene Richtungen bewegt, um genau zu orten, wo der Duft herkommt.

Wie schnell oder intensiv ein Hund auf einen bestimmten Duft reagiert, hängt davon ab, wie wichtig und interessant der Geruch für ihn ist. Da ein Hund in einer Welt voller verschiedener Düfte lebt, muss er einfach die meisten davon ausblenden, um sich auf die wichtigen Gerüche konzentrieren zu können. Dadurch entsteht für jede Duftnote eine Art Aufmerksamkeitsschwelle. Je niedriger diese Schwelle ist, umso eher reagiert ein Hund auf den Geruch. Und diese Aufmerksamkeitsschwelle lässt sich durch das richtige Training herabsenken. Somit kann man die Leistung des Hundes bei seiner Nasenarbeit durchaus gezielt verbessern. Das Ausblenden von unwichtigen Gerüchen spielt auch eine Rolle, wenn es Verleitungen auf der Fährte gibt. Nur wenn der Hund diese auch ausblendet bzw. nicht weiter verfolgt, kann er weiter konzentriert die gelegte Fährte ausarbeiten.

An welchem Geruch sich ein Hund orientiert, hängt davon ab, für welche Arbeit oder Disziplin er ausgebildet wurde. Bei der Fährtenarbeit soll ein Hund nicht den Individualgeruch einer bestimmten Person ausarbeiten, wie es zum Beispiel beim Mantrailing der Fall ist. Bei der Fährtenarbeit spielt dagegen die Bodenverletzung eine entscheidende Rolle, denn der Hund soll die Nase nur nach unten halten und ziemlich genau den Fußspuren der Person folgen, welche die Fährte gelegt hat.

In diesem Fall orientiert sich der Hund nur an den Duftstoffen, die auf den Boden herabgesunken sind und durch Aufwirbelungen und den direkten Kontakt mit Erde und Vegetation, also den Bodenverletzungen, entstanden sind. Bei der Ausbildung und dem Training spielen natürlich zusätzlich noch die Gerüche der Leckerlis eine wichtige Rolle, wie später beschrieben wird.

Grundlagen für die Fährtenarbeit

Generell kann man sagen, dass sich alle Hunde für die Fährtenarbeit eignen. Denn die Fähigkeit zum Suchen und Finden mithilfe ihres hervorragenden Riechorgans ist unseren Hunden angeboren. Von Natur aus neigen die meisten Hunde allerdings eher zum Stöbern, das heißt, sie suchen mit hoher Nase in einer Art Zick-Zack-Kurs.

Entgegen diesem ursprünglichen und angeborenen Verhalten verlangt die Prüfungsordnung für die Fährtenarbeit jedoch eine exakte, hoch konzentrierte Arbeit, wobei der Hund mit tiefer Nase sucht. Um Ihnen diese Technik zu vermitteln, haben wir jede einzelne Stufe der Ausbildung detailliert in diesem Buch beschrieben.

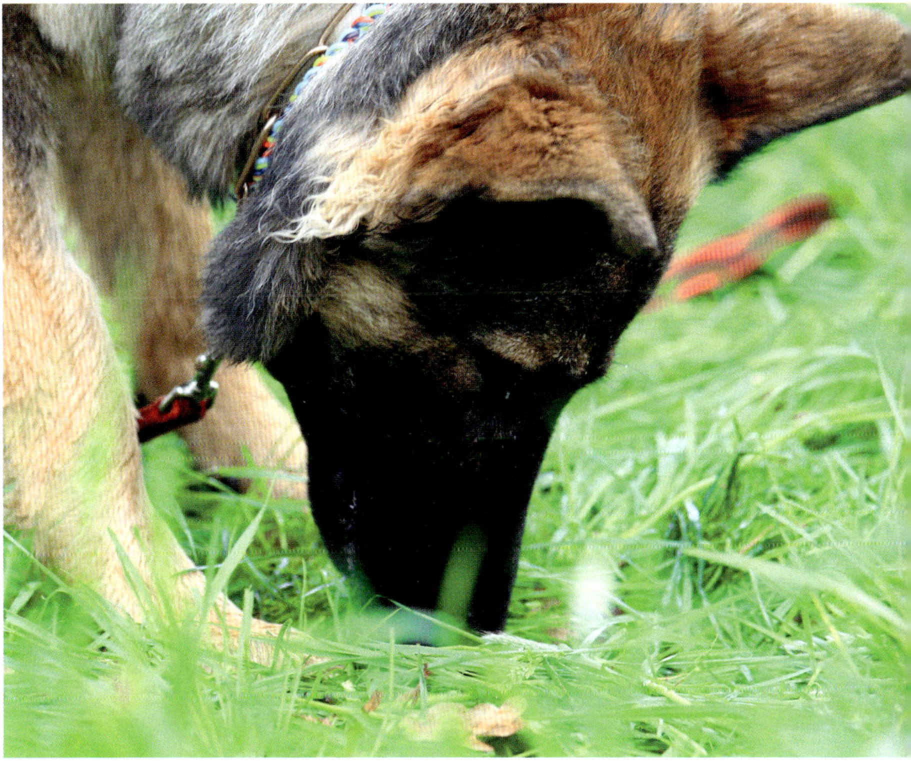

Im Grunde eignet sich jeder Hund für die Fährtenarbeit, denn die Nase ist für alle Hunde das wichtigste Sinnesorgan.

Was vorab zu beachten ist

Fährten können auf unterschiedlichen Böden gelegt und abgesucht werden. Zu den suchfähigen Geländen im Sportbereich (IPO und FH) zählen Wiesen, Äcker und auch Waldböden.

Wir beginnen unsere Aufbauarbeit mit dem Hund auf Wiesengelände. Das Gras sollte nicht allzu hoch (bis höchstens 15 cm) sein. Hierzu eignen sich besonders gut Obstbaumwiesen.

Später geht es dann auch ins Ackergelände. Es gilt zu beachten, dass man niemals in die frisch aufgegangene Frucht geht, da hier viel Schaden durch unsere Tritte angerichtet wird. Der Bewuchs sollte schon so kräftig sein, dass sich die Saat nach dem Betreten wieder aufrichten kann.

Nach starkem Niederschlag ist das Gelände ebenfalls zu meiden, da die Erde klebrig ist und mit unserem Schuhwerk die Wurzeln der Frucht aus dem Boden gezogen werden, was ebenfalls Schaden anrichtet.

Waldböden sind da unkompliziert, da man nicht so viel zertreten kann.

Auf einem Acker sollte man nur fährten, wenn weder Saat noch Frucht beschädigt werden können.

Generelles zur Auswahl des Fährtengeländes

- Sprechen Sie sich vor der Fährtenarbeit mit den Landwirten und mit den Jagdpächtern ab, ob und wann Sie die infrage kommenden Gelände für die Fährtenarbeit nutzen dürfen. Nur so können Sie ungestört und auch auf der sicheren Seite mit Ihrem Hund fährten. Eine Flasche Wein, eine Tafel Schokolade oder andere kleine Geschenke erhalten die Freundschaft und vermitteln ein positives Bild über den Hundesport.
- Bitte gehen Sie im Mai, wenn das Gras etwas höher ist, nicht durch die Wiesen. Zu dieser Zeit haben viele Wildtiere Nachwuchs und der sollte nicht gestört werden.
- Vergewissern Sie sich, dass die Felder und Wiesen nicht mit Pestiziden gespritzt worden sind. Man sieht und riecht es nicht unbedingt. Sie können es aber häufig an den Traktorspuren erkennen. Sind sie an den Kanten noch scharf abgezeichnet, sollte man lieber nicht in den Acker gehen. Sind die Spuren aber rund und nicht ausgeprägt, besteht keine Gefahr für den Hund.
- Gehen Sie nicht über frisch eingesäte Äcker. Zum einen sehen dies die Landwirte nicht gern und zum anderen ist das Saatkorn gebeizt und kann zu Vergiftungen beim Hund führen.
- Wenn die Natur in der Ruhephase ist – in den Monaten November bis Februar – können Sie dagegen meistens problemlos, falls kein Schnee liegt, die Wiesen betreten.

Die Ausrüstung

Bevor es an die Ausbildung geht, benötigen sowohl Hund als auch Hundeführer – wie bei allen anderen Hundesportarten auch – eine bestimmte Ausrüstung.

Ausrüstung für die Fährtenausbildung des Hundes	*Ausrüstung für den Hundeführer*
Fährtentafeln, Markierungsstöcke	*Allwetterbekleidung*
Futter in verschiedenen Ausführungen und Größen	*Bequemes, wasserdichtes Schuhwerk mit gutem Profil*
Gegenstände aus verschiedenen Materialien (Leder, Stoff, Holz, Plastik, Kork)	*Regenfeste Jacke mit Kapuze für den Winter*
Fährtenleine 10 m lang	*Leichte Jacke für den Sommer*
Trainingsleine 5 m lang	*Beutel, Tasche oder Behälter, um Leckerchen zu verstauen*
Halsband (Kettenhalsband eingliedrig)	

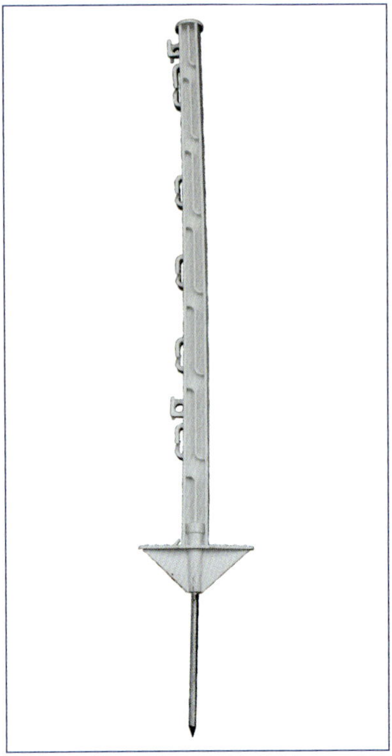

Der Markierungsstock.

Verschiedene Fährtentafeln.

Laut Prüfungsordnung ist das eingliedrige Kettenhalsband vorgeschrieben.

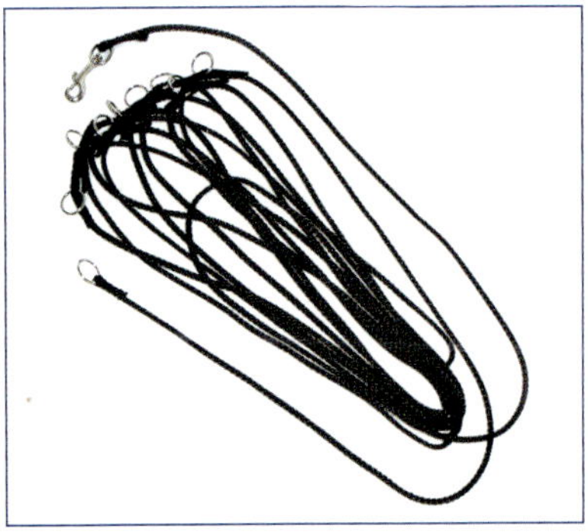

Eine Fährtenleine mit 10 Meter Länge (links) und eine Trainingsleine mit 5 Meter Länge (rechts).

Benötigte Gegenstände etwa 10 cm lang, 2-3 cm breit und 0,5-1 cm dick aus verschiedenen Materialien wie Holz, Textil, Leder, Kunstleder, Teppichboden, Filz, Kork.

HINWEIS!

Laut Prüfungsordnung ist ein eingliedriges Kettenhalsband für die Fährtenarbeit vorgeschrieben. Ein Geschirr kann zusätzlich verwendet werden. Bei der Ausbildung und beim Training bleibt es aber jedem selbst überlassen, mit was für einem Halsband (oder Geschirr) er arbeiten möchte. Ebenso kann das Einüben der Fährtenarbeit auch ohne Geschirr erfolgen. Viele verwenden das Geschirr zur Differenzierung, damit der Hund genau weiß, dass Fährtenarbeit angesagt ist, wenn das Geschirr angelegt wird. Andere bevorzugen ein Geschirr, wenn Hunde sehr stark ziehen, um den Hals nicht zu stark zu belasten.

Bei der hier beschriebenen Methode wird ohne Geschirr gearbeitet, da dem Hund ein langsames, intensives Suchen vermittelt wird.

Wir haben, je nach Ausbildungsstand, immer alle erforderlichen Utensilien für die Fährtenausbildung dabei. Diese sollten in einem Koffer, einer Tasche oder einem anderen geeigneten Behältnis mitgeführt werden. Der gute Ausbilder ist immer komplett ausgestattet. Nur so funktioniert Ausbildung.

Der Anspruch der Fährtenarbeit ergibt sich aus der Prüfungsordnung. Die einzelnen Elemente daraus werden ausführlich in diesem Buch behandelt.

AUSZUG AUS DER AKTUELLEN PRÜFUNGSORDNUNG (ALLGEMEIN)

Ansatz

Auf Anweisung des LR wird der Hund langsam und ruhig zur Abgangsstelle geführt und angesetzt. Ein kurzes Absitzen des Hundes vor dem Ansatzbereich (ca. 2 Meter) ist zugelassen. Der Ansatz (auch beim Wiederansetzen nach dem Finden der Gegenstände) muss am Hund erfolgen. Ein gewisser Spielraum an der Leine muss dem Hundeführer ermöglicht werden. Der Hund muss am Ansatz intensiv, ruhig und mit tiefer Nase Witterung nehmen. Die Aufnahme der Witterung hat ohne Hundeführer-Hilfen zu geschehen (außer Hörzeichen „Such"). Der Ansatz ist nicht zeitabhängig; vielmehr muss sich der LR am Verhalten des Hundes zu Beginn des ersten Schenkels über die Intensität der erfolgten Witterungsaufnahme orientieren. Nach dem 3. erfolglosen Versuch eines Ansatzes im direkten Abgangsbereich ist die Fährtenarbeit abzubrechen.
Der Hund muss dann mit tiefer Nase, in gleichmäßigem Tempo, intensiv dem Fährtenverlauf folgen. Der HF folgt seinem Hund in 10 Meter Entfernung am Ende der Fährtenleine. Bei Freisuche ist ebenfalls der Abstand von 10 Meter einzuhalten. Die Fährtenleine darf, wenn sie vom HF nicht aus der Hand gelassen wird, durchhängen, jedoch darf keine gravierende Verkürzung der geforderten Distanz zum Hund entstehen. Bodenberührung ist nicht fehlerhaft.

Suchleistung

Der Hund muss dem Fährtenverlauf intensiv, ausdauernd und in möglichst gleichmäßigem Tempo (geländeabhängig, Schwierigkeitsgrad) folgen. Der Hundeführer muss nicht zwingend auf der Fährte folgen. Eine zügige oder langsame Suchleistung ist dann kein Kriterium bei der Bewertung, wenn die Fährte gleichmäßig und überzeugend ausgearbeitet wird.

Winkel

Der Hund muss die Winkel sicher ausarbeiten. Ein Überzeugen, ohne die Fährte zu verlassen, ist nicht fehlerhaft. Kreisen am Winkel ist fehlerhaft. Nach dem Winkel muss der Hund im gleichen Tempo weitersuchen. In Winkelbereich soll der Hundeführer nach Möglichkeit den vorgeschriebenen Abstand einhalten.

Verweisen oder Aufnehmen der Gegenstände

Sobald der Hund einen Gegenstand gefunden hat, muss er ihn ohne Einwirkung des HF sofort aufnehmen oder überzeugend verweisen. Er kann beim Aufnehmen stehen bleiben, sich setzen oder auch zum HF kommen, der dann stehen zu bleiben hat. Weitergehen mit dem Gegenstand oder Aufnehmen im

Liegen ist fehlerhaft. Das Verweisen kann liegend, sitzend oder stehend (auch im Wechsel) erfolgen.
Leicht schräges Legen zum Gegenstand ist nicht fehlerhaft, seitliches Ablegen am Gegenstand oder starkes Drehen in Richtung Hundeführer ist fehlerhaft. Gegenstände, die mit starker Hilfe des Hundeführers gefunden werden, gelten als überlaufen. Dies ist zum Beispiel dann der Fall, wenn ein Hund einen Gegenstand nicht anzeigt und durch Einwirkung des Hundeführers mittels Leine oder Hörzeichen am Weitersuchen gehindert wird. Hat der Hund den Gegenstand verwiesen oder aufgenommen, legt der Hundeführer die Fährtenleine ab und begibt sich zu seinem Hund. Durch Hochheben des Gegenstandes zeigt er an, dass der Hund gefunden hat. Aufnehmen und Verweisen ist fehlerhaft. Jegliches Vorgehen mit dem Gegenstand oder Aufnehmen im Liegen ist fehlerhaft. Bringt der Hund den Gegenstand, hat der Hundeführer dem Hund nicht entgegenzugehen.
Beim Herantreten des Hundeführers zur Abgabe oder zum Aufheben des Gegenstandes muss sich der Hundeführer neben seinen Hund stellen.
Der Hund hat bis zum Wiederansetzen ruhig in der Verweis- oder Aufnahmeposition zu verharren und wird aus dieser mit kurzer Leine am Hundeführer wieder angesetzt.

Verlassen der Fährte
Hindert der Hundeführer den Hund am Verlassen des Fährtenverlaufs, so ergeht die Anweisung des Leistungsrichters an den Hundeführer zum Nachgehen. Der Hundeführer hat diese Anweisung zu befolgen. Die Fährtenarbeit ist spätestens abzubrechen, wenn der Hund die Fährte um mehr als eine Leinenlänge verlässt (über 10 Meter bei dem frei suchenden Hund) oder der Hundeführer die Anweisung des Leistungsrichters zum Nachgehen nicht befolgt.

Loben des Hundes
Ein gelegentliches Loben (wozu nicht das Kommando „Such" gehört) ist nur in der Stufe 1 statthaft. Nur an den Gegenständen darf der Hund kurz gelobt werden.

Abmelden
Nach Beendigung der Fährtenarbeit sind die gefundenen Gegenstände dem Leistungsrichter vorzuzeigen. Ein Spielen oder Füttern nach dem Anzeigen des letzten Gegenstandes vor der Abmeldung und der Bekanntgabe der erreichten Punktzahl durch den Leistungsrichter ist nicht gestattet. Das Abmelden des Hundes hat in der Grundstellung zu erfolgen.

Das Suchen an der Trainingsleine.

Zur Information für die Gegenstandsarbeit

Wir beschreiben in diesem Buch die Gegenstandsarbeit in der Position „Platz“ (korrektes Liegen am Gegenstand). Laut Prüfungsordnung kann der Hund auch im Sitzen und Stehen verweisen, ebenso den Gegenstand aufnehmen und dem Hundeführer bringen.

Praxiserfahrungen haben aber gezeigt, dass die Position „Platz“ am Gegenstand dem Hund am einfachsten zu vermitteln ist. Auch bei Prüfungen verweisen die meisten Hunde in der Platzposition.

Der Aufbau und die Ausführung dieser Verweismethode werden in einem späteren Kapitel ausführlich beschrieben.

Vorbereitende Übungen

Das Futtertreiben, die Platzübung und die ersten Unterordnungsleistungen werden wir für das Heranführen an das Geruchsfeld oder die Fährte generell verwenden. Diese Übungen werden parallel zum Aufbau in der Fährte erarbeitet. Wir greifen dann später darauf zurück.

BEGLEITHUNDEPRÜFUNG

Die Begleithundeprüfung ist Voraussetzung für die einzelnen Prüfungsstufen der Internationalen Prüfungsordnung. Dies trifft auch für die Fährtenarbeit zu. Aus diesem Grund sind hier das Futtertreiben und die Platzübung ausführlich beschrieben. Sie können die Übungen ebenfalls für die Aufbauarbeit in der Unterordnung verwenden.

Die detaillierte Beschreibung für alle weiteren Übungen der Begleithundeprüfung finden Sie im Buch „Der moderne Gebrauchshund", auch erschienen bei Oertel+Spörer.
Für die reine Fährtenarbeit ist das hier Beschriebene ausreichend.

Das Futtertreiben

Wir beginnen mit dem Futtertreiben. Der Hund soll dabei lernen, dass er nur durch eigene Aktivität zum Erfolg kommt!

Zunächst wird das Futtertreiben durchgeführt, indem wir rückwärts gehen.

Übung!
Wir halten das Futter auf Kopfhöhe des Hundes in der Hand und gehen langsam rückwärts. Der Hund wird das Futter unbedingt haben wollen. Je mehr der Hund mit der Nase in die Hand stupft und sein Futter einfordert, umso mehr Futter bekommt er. Wir nehmen am besten ein langes Stück Wurst oder etwas Ähnliches in die Hand, was der Hund, wenn er fordert, Stück für Stück abbeißen kann. Der Vorteil eines langen Stückes ist: Wir können es in der Hand gut nachschieben.

Diese Übung führen wir mehrmals am Tag in ganz kurzen Einheiten durch. Der Hund wird sehr schnell verstehen, welches Verhalten zum Erfolg führt. Bauen Sie auch hier vorher ein- bis zweimal die Übung „Erwartungshaltung" ein.

Das Futtertreiben gehört zu den Übungen, mit denen der Hund an die Fährte herangeführt wird.

Dies bedeutet: Der Hund muss auch einmal warten können, bevor er das Futter treiben darf, entweder durch ein Handzeichen oder durch Mithilfe einer Auftragsperson, die den Hund bis zur Freigabe an der Leine festhält und somit blockiert.

Wir geben hier noch keinerlei Hörzeichen. Ein Loben ist in Ordnung, allerdings sollte man nicht zu viel loben, da es den Hund ablenkt.

Nachdem der Hund uns drangvoll rückwärts treibt, gehen wir zum Vorwärtstreiben über.

Übung!
Die rechte Hand hält das Futter vor die Nase des Hundes. Die linke Hand befindet sich seitlich auf Augenhöhe des Hundes und grenzt den Hund, ohne ihn zu berühren (passive Einschränkung), zum Geradelaufen ein. Wer nicht mit rechts führen kann, führt mit links, allerdings sollte der Hundeführer dann links vom Hund mit einer passiven Einschränkung (siehe Kasten) arbeiten.

Wir werden immer wieder mit diesen passiven Einschränkungen arbeiten. Der Hund verarbeitet sie im Unterbewusstsein neutral, da sie für ihn keinen direkten Einfluss auf sein Verhalten haben.

PASSIVE EINSCHRÄNKUNG

Passive Einschränkungen wirken nicht aktiv auf den Hund ein. Sie bewirken ein gewünschtes Verhalten, das im Unterbewusstsein des Hundes gespeichert wird. In diesem Fall handelt es sich um das gerade Mitgehen.

Hier sieht man das Vorwärtsgehen mit passiver Einschränkung.

Passive Einschränkungen können Folgendes sein:

- Handführung, ohne den Hund zu berühren
- Künstliche Einschränkung durch einen Zaun
- Natürliche Einschränkung durch eine Hecke

Dieses Vorwärtstreiben mit der optimalen Handführung fördert die richtige Fußposition. Laut Prüfungsordnung geht der Hund auf der linken Seite, seine Schulter sollte sich auf Kniehöhe des Hundeführers befinden. Die geschlossene Hand, mit Futter wie zuvor beschrieben bestückt, wird so gehalten, damit wir dem Hund die richtige Position ermöglichen können. Ab und zu öffnet sich die Hand und der Hund kann dann das begehrte Futter erhalten.

Durch das Führen mit der Hand fördert man die richtige Fußposition des Hundes.

Übung!

Wir starten diese Übung immer mit dem linken Fuß und gehen anfangs geradeaus, bis der Hund und wir den optimalen Schritt gefunden haben (es soll harmonisch und gleichmäßig sein, ohne verspannt zu wirken). Wir halten an und bringen den Hund in die Grundstellung, indem wir unsere Hand über seinen Kopf nach hinten bewegen.

Bitte hierbei die Bestätigung nicht vergessen!

Dann führen wir die Hand schnell in Richtung Brust des Hundes und zum Boden, bis sich der Hund hinlegt. Das ist der Grundstock für das Verweisen in der Platzposition. All dies erfolgt ohne Zwang – nur mit Lob und ohne Hörzeichen.

Wir vermeiden das Einwirken mit der Hand oder anderen Dingen. Wir können von unserem Hund nicht erwarten, das später geforderte Hörzeichen schon jetzt zu kennen.

MERKE!

Der junge Hund bzw. Welpe kann seine Konzentration noch nicht allzu lange aufrechterhalten, deswegen sollten die Übungen auch nur kurz sein. Alle Übungen werden mit der passiven Einschränkung durchgeführt. Wir können diese Übungen öfter wiederholen, sollten sie aber nicht immer nach demselben Schema durchführen. Das heißt, es wird nicht ständig immer wieder das Gleiche in derselben Reihenfolge durchgeführt. Es soll für unseren Hund interessant bleiben!

Geht der Hund sicher und gerade neben uns, können wir mit der linken Hand ohne passive Einwirkung weiterarbeiten. Wir können auch mal durch eine Menschengruppe gehen und dort anhalten oder über verschiedene Untergründe laufen. Dadurch wird das Verhalten gefestigt.

Wir loben den Hund beim Gehen, indem wir nun das Hörzeichen „Fuß“ ab und zu in normaler Lautstärke sprechen. Das Verbinden wir mit „Klasse“ oder „Super“ in freudiger Aussprache. Wichtig ist immer die Bestätigung, die für besonderes Anstrengen, gutes Ausführen der Übung und in unregelmäßigem Abstand (mal kürzer, mal länger) gegeben wird.

Die Platzübung

Diese Übung ist eine wichtige Grundlage, da der Hund später in der Platzposition verweisen soll.

Übung!
Wir beginnen mit dem Rückwärtslaufen und Futtertreiben. Hierbei wird der Hund auf der rechten Seite des Hundeführers geführt. Der Hundeführer geht rückwärts und der Hund wird auf Hüfthöhe des Hundeführers positioniert.

Nun gehen wir rückwärts, bleiben stehen und führen die rechte Hand zwischen die Vorderläufe in Richtung Brustbereich des Hundes. Der Hund wird sich nun hinlegen. Dies verbinden wir mit dem Hörzeichen „Platz“ und einer anschließenden Bestätigung mit dem Futter. Das kann anfangs schnell oder langsam erfolgen. Da dies neu für den Hund ist, legen wir noch keinen Wert auf die Geschwindigkeit. Wenn sich der Hund bei den nächsten Wiederholungen auf das Hörzeichen „Platz“ selbstständig ablegt, haben wir das erste Ziel erreicht.

Die Platzübung erfolgt zunächst aus dem Rückwärtslaufen heraus mit dem Futtertreiben.

Als Nächstes gehen wir rückwärts und geben das Hörzeichen „Platz“. Hat sich der Hund ohne Hilfestellung abgelegt, wird er mit Futter bestätigt. Wir geben ihm das Zeichen für Warten (siehe Kasten Seite 32) und gehen rückwärts erst einen Schritt und – wenn der Hund ruhig liegen bleibt – mehrere Schritte. Dann gehen wir zum Hund zurück und er bekommt seine Bestätigung für das ruhige Warten.

Klappt dies, stellen wir uns wie bei der Grundstellung neben den Hund und bestätigen ihn für sein ruhiges Verhalten.

Auch hier gilt: Die Schritte sollten nicht zu schnell sein und für das schnelle Abliegen und Warten muss eine verbale Unterstützung für das Verhalten (zum Beispiel Platz, Klasse, Super, Platz, Klasse, Super, Platz, Klasse, Super) gegeben werden.

Zunächst sollte das Warten im Alltag in verschiedenen Situationen geübt werden.

DAS WARTEN

Das Warten bringen wir dem Hund mit einem Handzeichen und erst einmal im normalen Alltag bei. Die gehobene Hand (siehe Foto Seite 31) eignet sich am besten dafür.
Gehen wir zum Beispiel aus dem Haus, muss der Hund so lange ruhig warten, wie die Hand in dieser Position gehalten wird und bis er die Freigabe durch ein Hörzeichen wie „Okay“ oder Ähnliches bekommt. Erst dann darf er uns folgen.
Auch das unkontrollierte Aussteigen aus dem Fahrzeug können wir so verhindern. Erst wenn der Hund die Freigabe erhält, darf er aussteigen. Achten Sie bitte darauf, dass der Hund bei diesen Übungen seine Position nicht verlässt. Sollte das nicht klappen, bringen Sie ihn wieder in die gewünschte Warteposition zurück. Befolgt er das Handzeichen und die anschließende Freigabe, können Sie den Hund loben und mit Futter bestätigen.

Ist die Rückwärtsarbeit in unserem Sinne erfolgreich abgeschlossen, machen wir die ganze Übung nun vorwärts, aber mit dem Unterschied, dass der Hund nun mit der linken futterbestückten Hand geführt wird. Hat der Hund die Übung „Platz“ verstanden, üben wir es aus verschiedenen Positionen heraus, indem wir zum Beispiel neben dem Hund, seitlich vom Hund oder hinter dem Hund stehen. Das richtige Verhalten muss immer bestätigt werden. Danach üben wir das Ganze in verschiedenen Entfernungen zum Hund. Erst wenn der Hund in allen hier beschriebenen Situationen das „Platz“ sicher ausführt, können wir davon ausgehen, dass er die Übung richtig verstanden hat.

WICHTIG!

Bei der Gegenstandsarbeit muss sich der Hund am Gegenstand ablegen. Erst danach gehen wir zum Hund. Für das richtige Verweisen ist die so positiv beigebrachte Platzübung wichtig.
Die Ausführung am Gegenstand wird in einem späteren Kapitel behandelt.

War die Rückwärtsarbeit erfolgreich, erfolgt die Übung nun aus der Vorwärtsbewegung, wobei der Hund mit der linken Hand geführt wird.

Die Ausbildung zum Fährtenhund

Wie schon eingangs erwähnt, spielt bei der Ausbildung zum Fährtenhund bei der hier beschriebenen Methode das Geruchsfeld eine ganz besondere Rolle. Daher wird zunächst in diesem Kapitel dieser wichtige Bestandteil der Ausbildung sehr genau beschrieben, da er die Grundlage für das weitere Training bis zur Prüfungsreife ist.

Die Bedeutung des Geruchsfeldes

Das Geruchsfeld besteht aus einem Gemisch aus Gras, Erde und verschiedenen Futterelementen, die wir in das Feld einstreuen. Die Partikel, die wir im Geruchsfeld verteilen, müssen sehr klein sein. Wir möchten damit erreichen, dass der Geruch den Hund dazu verleitet, die Nase intensiv zu benutzen.

Das Geruchsfeld dient nicht dazu, sich satt zu fressen. Das Motto lautet: Viel riechen, wenig fressen! Dadurch trainiert sich der Hund die Suchkondition selbst an. Es muss hörbar sein, wie der Hund mit der Nase arbeitet. Das Geruchsfeld ist das A und O der Fährtenausbildung. Hier lernt er alles, was er für die Fährte braucht.

Im Geruchsfeld lernt der Hund Zielstrebigkeit, Ausdauer sowie ruhiges und konzentriertes Suchen. Das Vertrauen zum Hundeführer wird verstärkt.

Hunde, die intensiv suchen, sind sehr sensibel und reagieren auf alles. Um sie beim Suchen nicht zu stören, sollten sie nicht angesprochen und auch nicht gelobt werden. Ablenkung ist dagegen von Anfang an mit einzubeziehen, egal ob durch Personen, fahrende Züge oder Straßenverkehr in der Umgebung und viele andere optische oder akustische Reize. Das heißt, Geruchsfelder sollten immer, wenn es geht, in der Nähe eines Ablenkungszentrums angelegt werden.

Die Belohnung liegt am Boden in Form von verstreuten Leckerlis. Der Hundeführer soll die ganze Zeit den Hund beobachten und dabei lernen, das Verhalten des Hundes im Geruchsfeld zu lesen.

Um die Wirkung des angestrebten Prüfungszieles zu erreichen, werden Geruchsfelder generell nur in der Wiese getreten. Jedes Gras und jede Pflanze riecht anders. Hunde, die es nach dieser Methode lernen, haben dann später auch keine Probleme mit Ackerfährten. Hunde, die Fährtenarbeit im Acker lernen, haben dagegen meistens Probleme auf der Wiese.

Der Ackerboden gibt den Geruch, den wir brauchen, nicht her. Wenn wir im Acker mit Leckerlis arbeiten würden, würden sie mit in den Boden getreten, so-

Das Geruchsfeld wird generell nur auf einer Wiese angelegt.

zusagen eingestampft. Der Hund lernt dann, nach Leckerlis zu graben, aber das ist nicht unser Ziel.

Der Hund soll lernen, ein klar abgegrenztes Geruchsfeld ruhig und sicher auszuarbeiten. Er soll die Erfahrung machen, dass die Ressource Futter immer vorhanden ist und es keinen Grund gibt zu stürmen, hektisch zu werden bzw. sich umzuorientieren.

Die Vorteile des Geruchsfeldes

- Der Hund lernt, ruhig und intensiv zu arbeiten.
- Die Ausarbeitungszeit kann stetig verlängert werden, da das Geruchsfeld laufend neu mit Futter bestückt wird, während der Hund intensiv mit dem Absuchen beschäftigt ist.
- Ablenkungen unterschiedlichster Art können eingebaut werden wie zum Beispiel Personen, Geräusche und andere Umweltreize.
- Witterung spielt keine Rolle.
- Es gibt keine vorgegebene Suchrichtung.
- Die Liegezeit wird von Anfang an berücksichtigt. (Die Liegezeit bezieht sich darauf, wie lange die Fährte in den einzelnen Prüfungsstufen liegen muss. Näheres dazu finden Sie im Kapitel „Informationen aus der aktuellen Prüfungsordnung“.)

- Auf wenig Raum wird die Suchkondition erhöht.
- Man kann damit aggressive Hunde und Hunde mit Umweltproblemen therapieren.
- Schnelle Hunde werden ruhig und konzentriert.
- Fehler, die durch andere Methoden verursacht wurden, werden behoben.

Legen des Geruchsfeldes

Das Geruchsfeld wird auf etwa 2,5 Meter im Durchmesser (diese Größe hat sich erfahrungsgemäß als optimal erwiesen) ausgetreten. Die äußere Grenze ist deutlich sichtbar und hebt sich stark von der Umgebung ab.

Mithilfe einer Schnur lässt sich das Geruchsfeld am besten mit einer klaren äußeren Begrenzung anlegen.

Die Form des Geruchsfeldes ist egal, die Größe dagegen ist sehr wichtig!
Ist das Geruchsfeld zu groß, benötigt man sehr viel Futter, um das Feld abzudecken und der Hund verliert sich darin. Ein zu kleines Geruchsfeld bedeutet, wenig Platz für Hund und Hundeführer. Beide müssen sich darin frei bewegen können, ohne dass der Hund bedrängt wird.

Wir beginnen mit der äußeren Begrenzung, entweder mit einem Hilfsmittel wie es auf den Fotos zu sehen ist, oder nach Augenmaß. Mit dem rechten oder linken Fuß, je nach Veranlagung des Hundeführers, wird die Begrenzung mit starkem Druck und Hin- und Herziehen des Fußes als Kreis gelegt. Danach arbeiten wir uns mit Druck und sehr intensiven Fußbewegungen bis zur Mitte hin. Wir betreten das Geruchsfeld so lange mit den Fußbewegungen, bis ein gut zur Umgebung abgegrenztes Feld entsteht.

So sieht das fertige Geruchsfeld aus.

Je nach Jahreszeit oder Wetter präparieren wir das Geruchsfeld entweder sofort nach dem Anlegen oder erst später. Bei Hitze oder starkem Regen wird das Geruchsfeld erst später bestückt, bei kühler und trockener Witterung kann dies sofort erfolgen.

Vorbereiten und Bestücken des Geruchsfeldes

In den letzten Jahren wurde das Bearbeiten und Bestücken des Geruchsfeldes durch Milan wesentlich verfeinert und den Hundeführern und den Hunden angepasst. Nachdem auch Vegetarier ihre Hunde zum Fährtenhund ausbilden möchten, kommt hierfür die Spuckmethode (wird später noch erklärt) nicht infrage.

Hunde mit Futterallergie können ebenfalls ausgebildet werden. Die beschriebene Methode kann durch eine Anpassung des Futters problemlos umgesetzt werden. In diesem Buch werden beide Möglichkeiten beschrieben.

Vorbereiten des Futters

Wir beginnen mit der Vorbereitung des Futters. Hierfür brauchen wir ein Päckchen Rinderhack, frisch oder tiefgefroren (etwa 500 Gramm).

Unter ständigem Rühren, ohne oder mit ganz wenig Fett, braten wir es so lange, bis die Masse in der Pfanne bröselig wird. Das Rühren ist erforderlich, damit kein Fladen entsteht. Wir legen drei Lagen Küchenpapier auf ein großes Sieb und kippen das gebratene Rinderhack darauf. Bitte aufpassen, damit man sich hierbei nicht die Finger verbrennt. Wir nehmen nochmal drei Blätter von der Papierrolle und legen sie oben auf. Nun pressen wir das Fett über einem Gefäß aus.

So kann eine geeignete Futtermischung zum Bestücken des Geruchsfeldes aussehen.

Danach legen wir wieder drei Lagen des Küchenpapiers auf einen Teller und das von Fett befreite Hack darauf. Darauf kommt wieder Papier und etwas zum Beschweren. Das Ganze lassen wir bis zum nächsten Morgen stehen. Dann wird das Futter in einen Plastikbeutel gefüllt.

Diese Masse ist nicht fettig, klebt nicht und lässt sich sehr schön im Geruchsfeld verteilen. Für Hunde mit einer Futtermittelallergie erfolgt die gleiche Prozedur mit speziellen Fleischsorten, die sie vertragen, wie zum Beispiel von Pute, Pferd, Huhn oder Rinderhack mit Putenhack gemischt.

Da das Hackfleisch sehr fein ist, brauchen wir noch etwas dazu. Egal was wir nehmen, es muss angebraten und sehr klein geschnitten sein. Es sollten ungefähr nochmal etwa 400 Gramm sein. Dazu eignen sich zum Beispiel Hähnchenherzen. Sie werden gebraten, dann klein geschnitten und anschließend mit dem Hackfleisch vermischt.

Das Futter sollte immer sehr klein geschnitten werden, denn durch größere Stücke werden die Hunde beim Suchen unruhig und unkonzentriert.

Das fertige Gemisch wird nun gleichmäßig im gesamten Geruchsfeld verteilt. Wir halten dabei einen Abstand von etwa 10 cm zur äußeren Grenze des Geruchsfeldes ein.

Die vorbereitete Mischung aus Rinder- und Putenhack wird auf dem Geruchsfeld gleichmäßig verteilt.

Die Spuckmethode

Nun wird noch die Spuckmöglichkeit beschrieben. Hierfür nimmt man am besten Geflügelwiener, die sind nicht so salzig. Die Wiener legen wir in heißes Wasser und lassen sie 20 Minuten ziehen, dadurch wird zusätzlich Salz entzogen. Danach lassen wir sie auskühlen. Auch kleine Frikadellen sind zum Spucken im Geruchsfeld und für das weitere Training der Fährtenarbeit geeignet. Das sind aber nur Beispiele, denn für diese Methode kann man alles, was die Hunde gern fressen und sich vom Hundeführer klein beißen lässt, an Futter verwenden.

Das Spucken geht so: Man beißt ein kleines Stück von dem vorgesehenen Futter ab, kaut es richtig fein und presst es unter Druck zwischen den Lippen heraus.

Achtung, nicht gegen den Wind spucken, wenn man Brillenträger ist! Achten Sie beim Spucken ebenfalls auf den Abstand zur Geruchsfeld-Grenze.

Jetzt ist das Geruchsfeld fertig. Ein so präpariertes Geruchsfeld animiert jeden Hund dazu, seine Nase zu benutzen.

Beim Verlassen des Geruchsfeldes machen Sie einen großen Schritt über die Geruchsfeld-Grenze, um eine Verbindung zum umliegenden Gelände zu vermeiden.

Ein fertiges Geruchsfeld bringt jeden Hund dazu, es genau mit seiner Nase abzusuchen.

Lassen Sie das Geruchsfeld entsprechend Ihres Ziels ruhen und holen dann den Hund. Wie lange das Geruchsfeld ruhen soll, erfahren Sie im nächsten Kapitel.

WICHTIG!

Der Rand der Geruchsfeld-Grenze darf durch uns nicht verletzt werden, das heißt, es sollte keine Verbindung zum unbetretenen Gelände hergestellt werden.

Liegezeiten und Heranführen an das Geruchsfeld

Ist das Geruchsfeld wie oben beschrieben ausgetreten, lassen wir es bei Hunden, die nach IPO geführt werden, sowie bei Welpen und Junghunden etwa 45 Minuten ruhen. Für Hundeführer, die eine FH-Prüfung anstreben, erhöht sich die Liegezeit auf drei bis fünf Stunden. Die Entscheidung liegt beim Hundeführer.

Haben Sie sich für die IPO-Ausbildung entschieden, wird das Geruchsfeld so bestückt, dass der Hund 20 Minuten, ohne Nachbestücken, im Geruchsfeld ruhig, konzentriert und mit tiefer Nase arbeiten kann.

Meistens wird vom Hundeführer das Geruchsfeld zu wenig mit Futter bestückt. Dann bitte so nachbestücken, dass der Hund nicht gestört und auf die Leckerlis aufmerksam gemacht wird. Bitte achten Sie immer auf ausreichend Futter im Geruchsfeld. Ob zu wenig Futter ausliegt, können Sie daran erkennen, dass der Hund unruhig wird. Dies trifft auch auf die FH-Ausbildung zu.

Haben Sie sich für die reine FH-Ausbildung entschieden, sollte der Hund 40 bis 50 Minuten im Geruchsfeld ruhig, konzentriert und mit tiefer Nase arbeiten. Hier muss in jedem Fall nachbestückt werden.

Beide Arten (IPO und FH) bauen wir langsam auf. Wir fangen mit etwa 10 Minuten an und steigern die Zeit dann allmählich.

Der IPO-Hund kann die kurze Fährte voll intensiv durcharbeiten. Die Ausarbeitungszeit bei einer IPO-Prüfung ist wesentlich geringer als bei einer FH-Prüfung.

Der FH-Hund muss dagegen lernen, mit der Zeit auszukommen. Das heißt, er lernt mit seinen Kräften umzugehen, um lange Fährten durchzuhalten.

Übung!

Nun wird der Hund an das Geruchsfeld herangeführt.

Einen Welpen nehmen wir hierfür auf den Arm und setzen ihn in die Mitte des Geruchsfeldes. Das machen wir anfangs zwei bis drei Mal. Später führen wir den Welpen, wie auch den reiferen Hund, durch Futtertreiben bis an die sichtbare

Grenze des Geruchsfelds. Dort lassen wir ein Reststück der Leckerlis fallen. Dadurch wird der Hund motiviert, seine Nase dem Boden zu nähern.

Nun geht es zum schwierigsten Teil der Geruchsfeld-Methode, und zwar den Hund ruhig ohne Stress und Zwang zum Geruchsfeld zu bringen.

Das Hörzeichen (Kommando) „Fuß" benutzen wir nicht, wenn wir zum Geruchsfeld gehen. Man sollte auch erst mit dem Herangehen an das Geruchsfeld beginnen, wenn das Futtertreiben gesondert eintrainiert worden ist. Dies vermeidet Stress und fördert das Vertrauen. Das Futtertreiben haben wir ja bereits im Vorfeld behandelt.

Zusätzlich können wir das Futtertreiben auch sehr gut beim Gassigehen erarbeiten, dadurch werden die Bindung und das Vertrauen zum Hundeführer aufgebaut und gefestigt.

VERTRAUEN IST WICHTIG

Das Vertrauen in der Fährtenausbildung spielt eine sehr große Rolle, denn man muss sich in der Fährte auf seinen Hund voll und ganz verlassen können.

Der Hund soll in aller Ruhe und ohne Stress das Geruchsfeld ausarbeiten.

Ausarbeiten des Geruchsfeldes

Übung!
Wir bringen den Hund durch Futtertreiben bis zur Grenze des Geruchsfeldes. Bitte immer mit dem Wind und nicht gegen den Wind zum Geruchsfeld gehen. Wir vermeiden dadurch das Suchen mit „hoher Nase".

Zeigt sich der Hund ruhig und ohne Hektik, lassen wir den Hund aus der Bewegung und ohne Kommando in das Geruchsfeld eintreten. Der Hundefrüher bleibt dabei etwa 30 cm vor der sichtbaren Grenze des Geruchsfeldes stehen und lässt die Leine fallen. Dann wartet er einen Augenblick, bis sich der Hund „einsucht", und betritt danach das Geruchsfeld. Dabei bitte nicht die Geruchsfeld-Grenze zerstören!

Von da an bewegt sich der Hundeführer im Geruchsfeld immer in der Nähe des Hundes, ohne ihn zu bedrängen. Man sollte mit dem Hund weder sprechen noch ihn loben, sondern ihn einfach arbeiten lassen.

Der Hundeführer ist immer in Bewegung um den suchenden Hund herum. Dadurch lernt der Hund, dass sich der Hundeführer neben ihm bewegt und überhaupt nichts passiert. Es bricht weder Hektik noch Unsicherheit beim Hund aus. Dieses Gehen nebeneinander nutzen wir später, um Gegenstände einzutrainieren.

ACHTUNG!

Nicht gegen den Wind das Geruchsfeld betreten. Falls Sie unsicher sind, aus welcher Richtung der Wind kommt, nehmen Sie einen Grashalm in die Hand und lassen ihn aus Kopfhöhe zu Boden gleiten.

Die sichtbare Grenze des Geruchsfeldes sollte nicht zertreten werden. Man sollte nicht darüber laufen. Die Grenze darf nicht verletzt werden.

Anfangs kann es passieren, dass der eine oder andere Hund über die Grenze des Geruchsfeldes hinausgeht. Er weiß noch nicht, wie er sich verhalten soll.

Jetzt ist der Hundeführer an der Reihe. Er muss seinen Hund beobachten und in dem Augenblick, in dem der Hund über die Grenze geht, ohne jegliche Hektik und schnelle, unkontrollierte Bewegungen auf die am Boden liegende Leine treten. Dadurch lernt der Hund, dass hinter der Geruchsgrenze nichts zu finden ist. Sie werden selbst erleben, wie schnell die Hunde dies begreifen.

WICHTIG!

Man sollte den Hund nicht mehr als höchstens eine halbe Körperlänge aus dem Geruchsfeld lassen. Der Hund lernt dadurch, dass es sich nicht lohnt, das Feld zu verlassen. Er beruhigt sich schnell und wir können sehen und hören, wie er sich auf die weitere Suche konzentriert.
Dieses intensive und hörbare Suchen müssen wir langsam auf eine Dauer von bis zu 20 Minuten ausbauen.

Der Hund lernt die Bodenzerstörung zu differenzieren. Bodenzerstörung bedeutet: Geruch und Leckerlis. Außerhalb des Geruchsfeldes ist keine Bodenzerstörung vorhanden und es sind keine Leckerlis zu finden.

Deshalb ist es so wichtig, das Futter nicht bis an die sichtbare Grenze zu streuen, sondern etwa 10 cm davon entfernt zu bleiben, denn der Geruch würde den Hund über die Grenze hinaus leiten und das wollen wir nicht.

Welpen lernen das am schnellsten, aber auch Hunde, die schon Fährten gesucht haben, begreifen recht bald, dass dies kein Abgang ist.

Das Abschlussstück zum Durchhalten

Wenn die Kondition nachlässt legen wir – für den Hund unbemerkt – ein großes Abschlussstück (siehe Foto rechts) in das Geruchsfeld und warten, bis der Hund das Stück selbstständig gefunden hat. Man sollte es aber dem Hund nicht zeigen oder ihn dorthin locken! Denn nur so lernt der Hund das Durchhaltevermögen. Kondition muss aufgebaut werden, um später erfolgreich zu sein.

Sobald der Hund das Abschlussstück gefunden und aufgenommen hat, lassen wir ihn in Ruhe kauen, bis er fertig ist, und führen ihn dann ruhig aus dem Feld heraus (Welpen tragen wir aus dem Geruchsfeld heraus). Kurz danach sollten keinerlei Motivationen mehr durchgeführt werden. Der Hund soll das Geruchsfeld und nicht das Vorgehen danach positiv verknüpfen.

Würden wir anschließend eine Motivation durchführen, wie zum Beispiel Spielen, besondere Futtergabe oder Ähnliches, ist das Ereignis nach der Suche wichtiger als das Suchen an sich. Das führt unweigerlich zu schnellem, unkonzentriertem Suchen. Achten Sie stets darauf, dass Ihnen dieser Fehler nicht unterläuft.

Das sogenannte Abschlussstück (rechts im Bild) dient zum Konditionsaufbau.

Vorgehen bei zu schnellen Hunden

Bei Hunden, die sehr schnell zum Abgang drängen, gilt nachfolgende Vorgehensweise:

Man bringt die Hunde ohne Stress und Zwang zum Geruchsfeld. Ein Futtertreiben bis zum Geruchsfeld ist also angesagt, und zwar so weit, bis der Hund mit der Vorderhand (Vorderfüße) etwa 10 cm vor der Geruchsfeld-Grenze steht. Der Hund wird nicht hineingelassen, sondern er bekommt das Kommando „Sitz“ mit dem entsprechenden Hörzeichen. Das Hörzeichen sollte überzeugend gegeben werden, denn der Hund darf in diesem Moment das Geruchsfeld nicht selbstständig betreten.

Sobald der Hund sitzt, wird er gelobt und der Hundeführer lässt die Leine fallen. Durch das überzeugende Hörzeichen „Sitz“ wird der Hund zunächst auf die eingenommene Position gebannt. Wir schauen den Hund jetzt nicht an. Die Leine liegt am Boden, sonst traut sich der Hund nicht, sich nach vorne zu bewegen.

Der Hund hat nun einen Konflikt: auf der einen Seite unser dominantes Hörzeichen „Sitz“, auf der anderen Seite ein lecker duftendes Geruchsfeld. Da der Hund vom Hundeführer nun keinerlei Unterstützung bekommt, wird er die

Situation auf seine Weise lösen. Gelockt durch das duftende Geruchsfeld wird sich der Kopf langsam, aber stetig dem Boden nähern. Dann beginnt der Hund den Rand abzusuchen.

Einige Hunde legen sich hin, um dann langsam in das Geruchsfeld zu kriechen. Manche bleiben auch kurze Zeit im Geruchsfeld liegen und suchen im Liegen weiter. Man sollte sie gewähren lassen, bis sie selbstständig wieder aufstehen und im Stehen weitersuchen. Die Hunde lernen dabei, dass ihnen überhaupt nichts geschieht.

Man muss diese Vorgehensweise ein paarmal hintereinander wiederholen, allerdings wirklich nur bei sehr schnellen, stürmischen Hunden. Sie werden sehen, wie langsam der Hund später den Abgang nimmt.

Nicht überfordern

Die Arbeit im Geruchsfeld wiederholen wir regelmäßig zweimal die Woche. Bitte lassen Sie sich sehr viel Zeit bei der Fährtenausbildung. Es macht Spaß zuzusehen, wie schnell Hunde lernen.

Damit der Hund ruhig das Geruchsfeld absuchen kann, sollte der Hundeführer auch Ruhe ausstrahlen.

Aber Vorsicht: Welpen und Junghunde dürfen nicht überfordert werden! Übertriebener Ehrgeiz ist hier fehl am Platz.

Die Ausarbeitungszeit von 20 Minuten innerhalb des Geruchsfeldes ist bald erreicht. Bleiben Sie so lange bei den 20 Minuten, bis Sie sich entscheiden, welchen Ausbildungsweg Sie mit Ihrem Hund gehen möchten, nämlich IPO oder FH.

Hunde sollten nicht zu früh voll belastet werden. Fährtenarbeit ist anstrengend für den Hund, denn sie verlangt gleichzeitig körperliche und geistige Arbeit. Deswegen ist es unangebracht, Hunde, welche die geistige und körperliche Reife noch nicht erreicht haben, über die Fährten zu hetzen.

Ein Beispiel:
Ein Junghund mit sechs Monaten, der im Geruchsfeld super und konzentriert 20 Minuten arbeitet, ist im Wesen immer noch wie ein Kleinkind und sehr verspielt. Er rennt hinter Schmetterlingen und Vögeln her. Das ist normal und wir lassen dem jungen Hund Zeit, Erfahrung zu sammeln. Mäuse zu fangen und nach Mäusen zu graben unterbinden wir jedoch schon vom Welpenalter an. Dafür benutzen wir ein einfaches, aber wirkungsvolles „Nein“.

Mit zehn Monaten ist er dann körperlich und geistig so weit, dass man ihn langsam belasten kann. Erst dann können wir mit dem „Schwänzle treten“ (siehe nächstes Kapitel) anfangen.

WICHTIG!

Wir arbeiten so lange im Geruchsfeld, bis der Hund von Anfang an sicher, intensiv und ruhig das Geruchsfeld absucht.

Geruchsfeld mit „Schwänzle“

In diesem Zusammenhang ist mit „Schwänzle“ die Trittfährte aus dem Geruchsfeld heraus gemeint.

Der Hund sollte von Anfang an voll konzentriert im Geruchsfeld arbeiten. Erst wenn er, ohne zu stürmen, zum Geruchsfeld geht und dieses ruhig ausarbeitet, fangen wir mit dem Schwänzle an. Wird dies nicht berücksichtigt, bekommen wir später beim Abgang der Fährte Probleme. Daher achten Sie bitte unbedingt darauf!

Für das Anlegen eines Geruchsfeldes mit Schwänzle suchen wir uns eine saftige Wiese aus, deren Bewuchs nicht höher als 15 cm ist. Nun folgt der schwierigste Teil für den Hundeführer.

So wird das Schwänzle bestückt.

Hier hat der Hund das Geruchsfeld in Ruhe verlassen, um dem Schwänzle zu folgen.

Ausgangspunkt ist immer das Geruchsfeld. Beim Legen vom sogenannten Schwänzle wird das Geruchsfeld erst nach dem Treten des Geruchsfeldes und des Schwänzles mit Futter präpariert, denn sonst würden wir den ganzen Leckerligeruch an den Schuhen mit ins Schwänzle schleppen.

Den ersten Schritt treten wir so, dass er die geschlossene Grenze vom Geruchsfeld durchbricht. Der zweite Tritt muss schon außerhalb des Geruchsfeldes sein. Danach treten wir eine ganz normale Schrittfolge (rechts, links, keine Einbahn) in einem leichten Bogen nach links oder rechts weiter, und zwar ungefähr 30 Schritte. Die Tritte sollten anfangs miteinander verbunden sein.

ACHTUNG!

Bei zu hohem Gras müssen wir darauf achten, dass keine Graswand zwischen den Tritten entsteht. Der Hund kann sonst nicht gleichmäßig von Tritt zu Tritt suchen.
Er kann den Rhythmus links, rechts oder umgekehrt nicht halten und nimmt die Leckerlis nur einseitig oder er nimmt die Leckerlis und hebt immer den Kopf zum Wechseln. Dies sollte in der Lernphase nicht geschehen. Deswegen achten wir beim Legen auf die Verbindung der Tritte ohne Beeinträchtigung. Der Hund soll die Möglichkeit haben, mit tiefer Nase jedem Schritt zu folgen.

Folgendes sollte hierbei beachtet werden:
- Es wird immer ein Bogen getreten, keine Gerade.
- Die Tritte sollten so stark durchgetreten werden, dass blanke Stellen entstehen.
- Wir konzentrieren uns von Anfang an auf das Treten, sodass jeder Tritt dem anderen gleich ist.
- Wir achten immer auf den gleichen Abstand von Tritt zu Tritt.
- Bestückt wird erst nach Treten des Schwänzles.

Es ist schwierig, präzise Schwänzle zu legen und gleichzeitig mit Leckerlis zu bestücken. Deswegen wird erst das Schwänzle gelegt und danach bestückt.

Und so erfolgt das Bestücken:

Man geht breitbeinig und gebückt über die Fährte und legt in jeden Tritt ein Leckerli, und zwar ganz genau in jeden Tritt, damit die Abstände von Leckerli zu Leckerli gleichmäßig sind.

Die Abstände der Leckerlis müssen dem Schritt des Hundes angepasst werden.

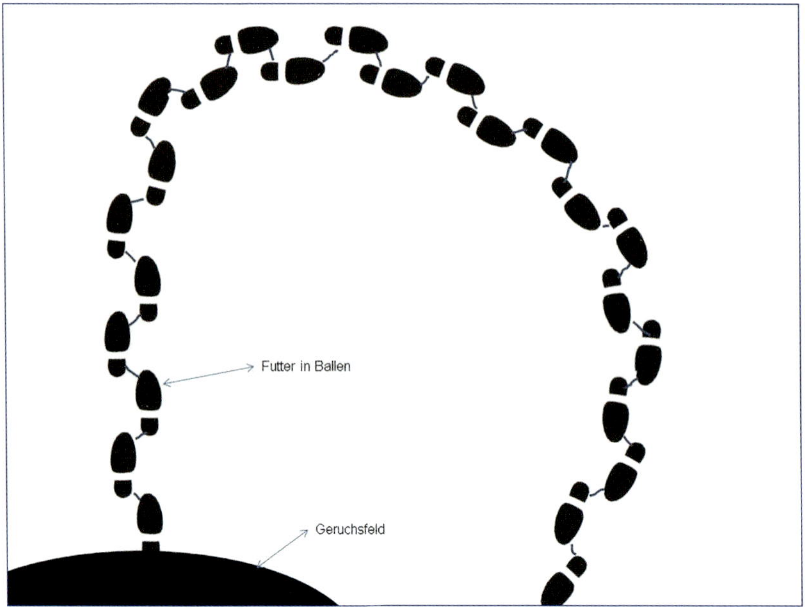

Ein Beispiel für den richtigen Verlauf eines Bogens für das Schwänzle.

In der Wiese ist das Schwänzle deutlich zu erkennen.

Das hat folgenden Grund: Wir möchten den Hund so ausbilden, dass er in seinem Schritt mit tiefer Nase zielstrebig und hoch konzentriert nach vorne geht.

Meistens lassen Hunde das Leckerli liegen, weil die Schritte zu kurz sind und der Hund auf das Leckerli tritt oder die Leckerlis nicht gleichmäßig präzise ausgelegt sind.

Also immer daran denken, dass der Hund bei dieser Lernmethode selbst die Gangart bestimmt und lernt. Deswegen sollte ihm dafür auch die Möglichkeit gegeben werden.

Übung!

Wir lassen den Hund wie gewohnt im Geruchsfeld arbeiten. Der Zugang zur Schrittfährte wird von uns blockiert, das heißt, wir postieren uns auf dem Ausgang des Geruchsfeldes. Sucht der Hund intensiv und ruhig das Geruchsfeld ab, heben wir die Blockade auf, indem wir den Ausgang freigeben, und lassen den Hund in das Schwänzle hineinarbeiten.

Bitte nicht hineinlocken, sondern abwarten, bis der Hund selbstständig hineinfindet!

Wenn der Hund so weit ist, dass er sich in das Schwänzle hineinarbeiten kann, gehen wir nicht direkt hinter dem Hund, sondern seitlich von ihm und im Abstand von etwa 3 Metern zurückversetzt. Von hinten sieht man nur die Rute des Hundes, aber von der Seite, ein paar Meter weg vom Hund, hat man den ganzen Hund bei der Sucharbeit im Blick.

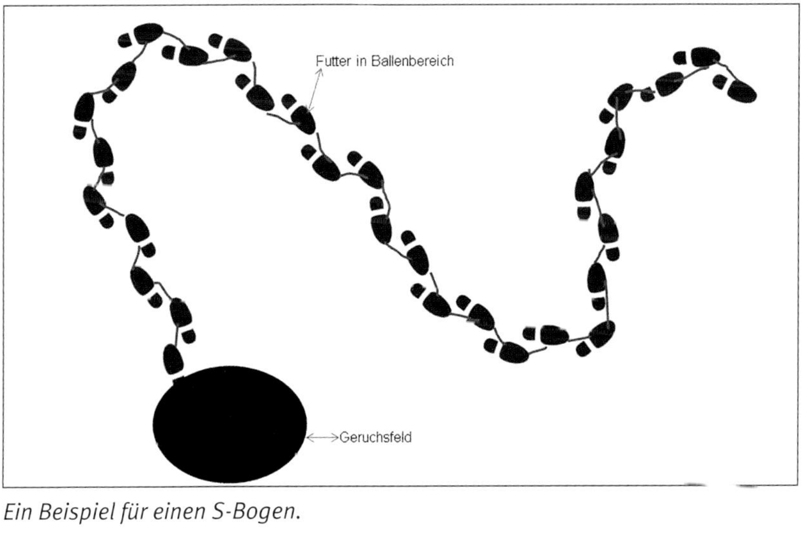

Ein Beispiel für einen S-Bogen.

Beobachten Sie Ihren Hund ganz genau. Schon auf dieser kurzen Fährte des ersten Schwänzles zeigt der Hund uns sehr deutlich die von uns gemachten Fehler. Wir können gleich überlegen, was wir bei den nächsten 30 Schritten verbessern müssen.

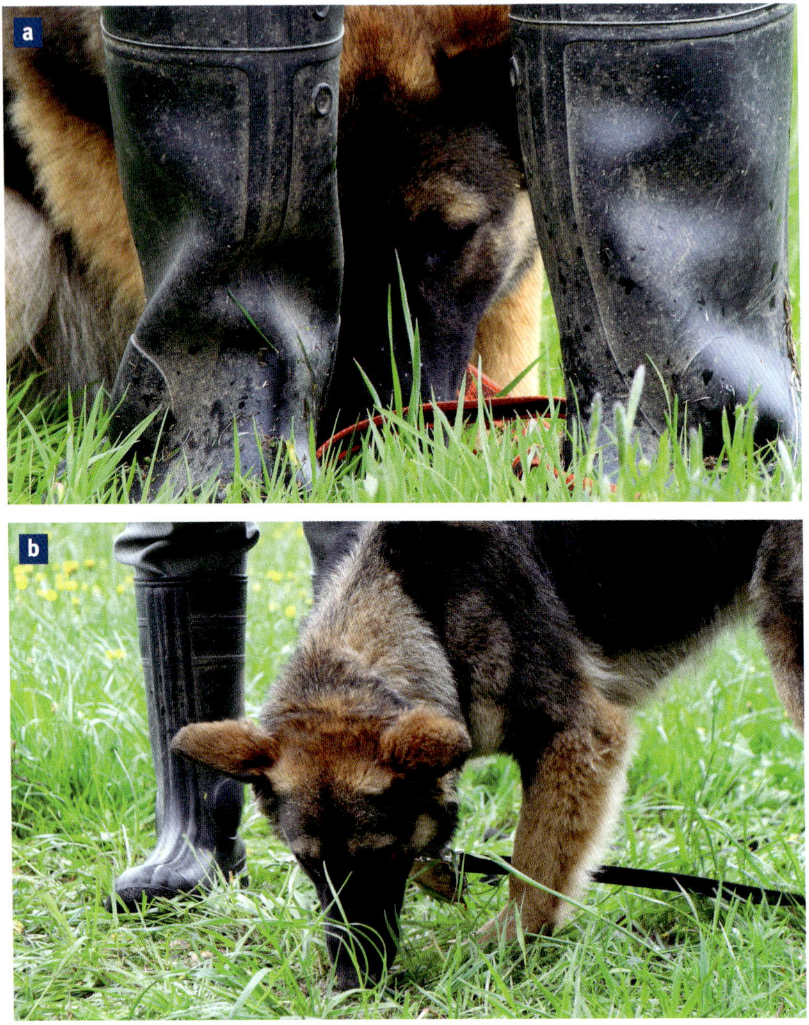

Zunächst wir der Zugang zur Schrittfährte blockiert (a). Sucht der Hund das Geruchsfeld ruhig ab, wird der Ausgang freigegeben (b).

Es besteht die Möglichkeit, sofort nachdem wir den Hund in das Auto oder seine Box verbracht haben, die eben abgesuchte Fährte nochmals um 30 Schritte zu verlängern.

Dazu benutzen wir die eben abgesuchte Fährte wieder von Anfang an. Die alten Tritte bis zum Ende werden noch einmal leicht durchgetreten, also aufgefrischt. Daran schließt sich ein neuer Bogen in die andere Richtung an, bei dem die Tritte wieder richtig blank ausgetreten werden. So entsteht ein getretenes S.

Haben wir alles richtig gemacht und auch die Leckerlis optimal in den Tritten verteilt und es treten keine Fehler mehr auf, können wir genauso weiterarbeiten und verlängern.

Hundeführer, die Probleme mit dem Rücken oder den Bandscheiben haben, können sich eine selbst gemachte Leckerli-Platzierungshilfe zulegen. Die Teile hierzu können Sie günstig in einem Baumarkt erwerben und einfach zusammenbauen. Wie das aussieht, sehen Sie im folgenden Bild.

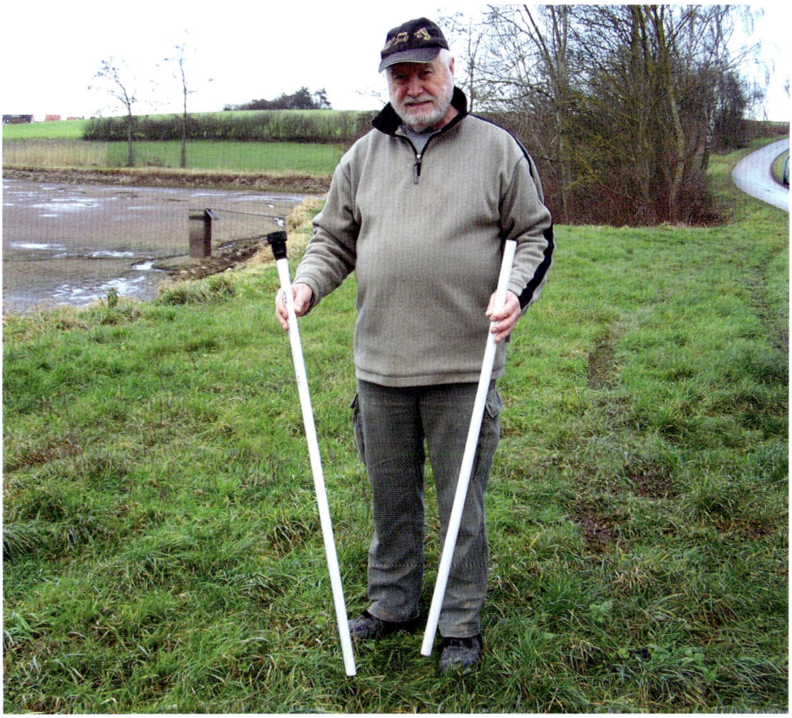

So sehen Leckerli-Platzierungshilfen aus.

Hier wird mit der Leckerli-Platzierungshilfe gearbeitet.

Weitere Aufbauarbeit

- Ab 60 Schritten bauen wir jeweils einen Winkel nach links oder rechts ein.
- Nach einem Bogen von etwa 30 Schritten legen wir den nächsten Winkel in die andere Richtung. Das wiederholen wir einige Male, bis der Hund fehlerfrei eine Länge von etwa 120 Schritten suchen kann.
- Ab 120 Schritten bauen wir dann auch einen spitzen Winkel nach links oder rechts ein.
- Dies wiederholen wir ebenfalls und verlängern die nächste Fährte erst dann um weitere 60 Schritte, wenn der Hund die letzte Fährte fehlerfrei ausarbeitet.
- Das machen wir so lange, bis wir eine Fährte von 350 Schritten legen können.

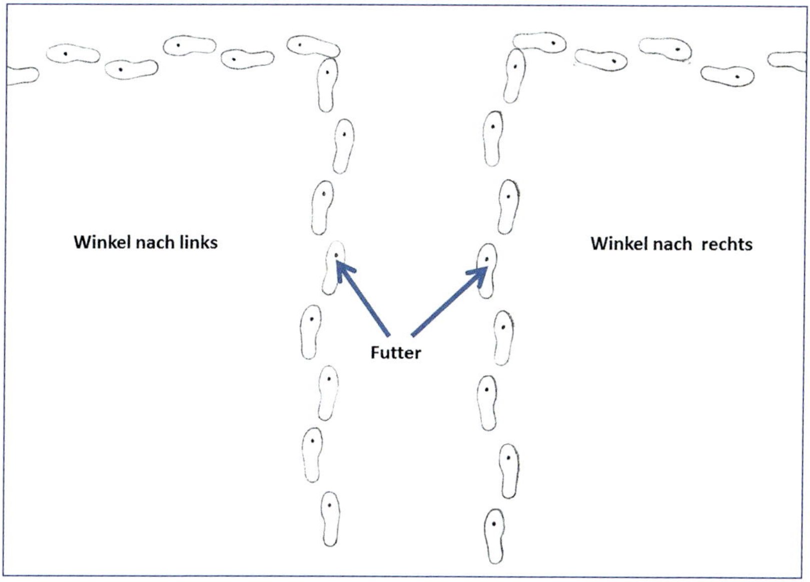

Rechter und linker Winkel.

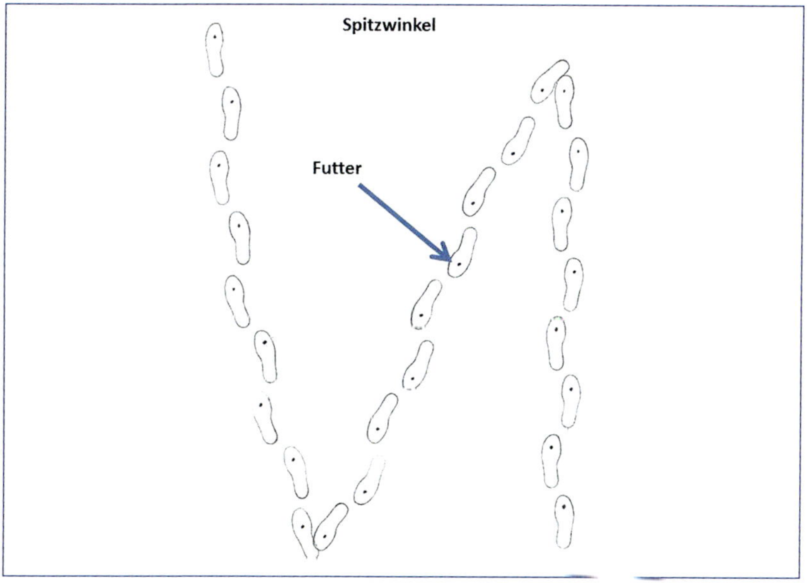

Spitze Winkel.

Sie werden sehen und erleben, wie schnell und präzise die Hunde lernen. Um diesen Lernprozess zu erreichen, ist es unbedingt erforderlich, sich die Arbeit mit dem beschriebenen Treten zu machen und den Hund genau zu beobachten. Sie lernen so, Ihren Hund zu lesen und können eigene Fehler sofort erkennen und vermeiden.

Tipps für die Praxis

Das Bestücken der Tritte im Schwänzle und im weiteren Verlauf sollte erst kurz vor dem Absuchen erfolgen. Die Fährte sollte man – je nach Fortschritt des Hundes – bis zu fünf Stunden ruhen lassen und erst dann bestücken. Hierbei geht man breitbeinig über den Fährtenverlauf und legt die Leckerlis in die Tritte. Einfacher geht es mit dem Leckerli-Platzierer.

Der Grund dafür ist: Ein Wild- oder Haustier könnte sich sonst in der unbeaufsichtigten Zeit bedienen. Also erst die Fährte und dann das Geruchsfeld bestücken!

WICHTIG!

Man sollte den Hund bei Fehlern, Schnelligkeit oder Abweichung von der Fährte niemals mit einem Leinenruck oder scharfen Kommandos korrigieren. Wir bleiben einfach auf der Leine stehen und warten, bis sich der Hund selbstständig korrigiert hat. Diesen Vorgang kennt der Hund schon aus dem Geruchsfeld und hat damit überhaupt kein Problem.

Selbstständiges Suchen ist unsere Devise, deshalb verzichten wir auf jegliche Einwirkungen! Der Hund wird sachlich, ohne zu übertreiben, gelobt.

Nach der Fährtenarbeit gehen wir mit dem Hund zurück zum Auto, geben ihm Wasser und lassen ihn allein, so kann er das eben Gelernte in Ruhe verknüpfen (Ruheverknüpfung).

ACHTUNG!

Nach der Fährte sollte man mit dem Hund nicht spielen und auch keine besonders hochwertige Belohnung wie zum Beispiel einen Ball oder einen Futterjackpot ans Ende der Fährte legen. Denn so erziehen wir unseren Hund zum schnellen, oberflächlichen Sucher, weil nicht die Fährte, sondern der Abschluss für den Hund besonders wichtig wird.

Der Hund soll in Ruhe und selbstständig absuchen – das geht auch ohne Leine.

Während der Ausbildung sollte man die Leine am Boden liegen lassen, sodass der Hund sie hinter sich herziehen kann und kein Druck ausgeübt wird.

Eine leicht gespannte Leine gibt dem Hund Sicherheit. Deswegen lassen wir die Leine immer am Boden liegen, sodass der Hund die Leine hinter sich herzieht. Die Leine muss ohne Knoten sein. Damit ist der Hund im leichten Zug und reagiert nicht auf einen kleinen Ruck, falls die Leine einmal hängen bleibt.

Hände weg von der Leine in der Lernzeit.

Wenn die Ausbildung des Hundes so weit fortgeschritten ist, dass der Hund langsam und ohne Hektik das Geruchsfeld absucht, danach konzentriert in die Fährte geht und auch die Fährtenlänge stimmt (etwa 350 Schritte), dann ist der perfekte Zeitpunkt gekommen, um den Schwierigkeitsgrad der Fährte zu erhöhen.

- Das Geruchsfeld wird von Fährte zu Fährte kleiner (siehe nächstes Kapitel).
- Die Tritte werden nicht mehr so stark ausgetreten.
- Leckerlis werden aber noch in alle Tritte gelegt.

Anfangs wird noch in jeden Tritt ein Leckerli gelegt.

Futterabbau

Wenn das bisherige Training mit Bravour gemeistert ist, kommt der nächste Teil: Wir fangen an, die Leckerlis abzubauen.

Wir arbeiten nicht mehr aus dem Geruchsfeld heraus, sondern legen einen Abgang von anfangs etwa 60 cm Durchmesser, der sich langsam verkleinert. Die einzelnen Tritte werden nur noch ganz leicht ausgetreten (bitte noch nicht auf normales Gehen umsteigen), und zwar über die ganze Länge von 350 Schritten.

Im Gegensatz zur vorhergehenden Arbeit werden die Leckerlis nun gleich in die Tritte gelegt. Bis jetzt hat der Hund gelernt, dass in jedem Tritt ein Leckerli auf ihn wartet. Nun fangen wir damit an Leckerlis auszulassen. Dabei gehen wir wie folgt vor:

- Bei den ersten 50 Tritten wird in jeden Tritt ein Leckerli gelegt. Dann lassen wir drei Tritte leer, gefolgt von 30 Tritten mit Leckerli, dann wieder drei Tritte leer lassen.

- Die nächsten 20 Tritte wieder in jeden Tritt ein Leckerli legen. Dann lassen wir fünf Tritte leer.
- Die nächsten 50 Tritte in jeden Tritt ein Leckerli. Die nächsten sechs Tritte bleiben leer.
- Die nächsten 20 Tritte in jeden Tritt ein Leckerli, danach nur drei Tritte leer lassen.
- Die nächsten 30 Tritte in jeden Tritt ein Leckerli, dann folgen acht Tritte ohne Leckerli.
- In die nächsten 50 Tritte je ein Leckerli legen. Und jetzt wollen wir es wissen und lassen zehn Tritte leer.
- Der Rest von 70 Tritten wird mit Leckerli ausgelegt. Ergibt etwa 350 Tritte.

Schwer zu verstehen? Keine Sorge, dies soll nur ein Anhaltspunkt sein. Beobachten Sie immer das Verhalten des Hundes und gehen dementsprechend vor!

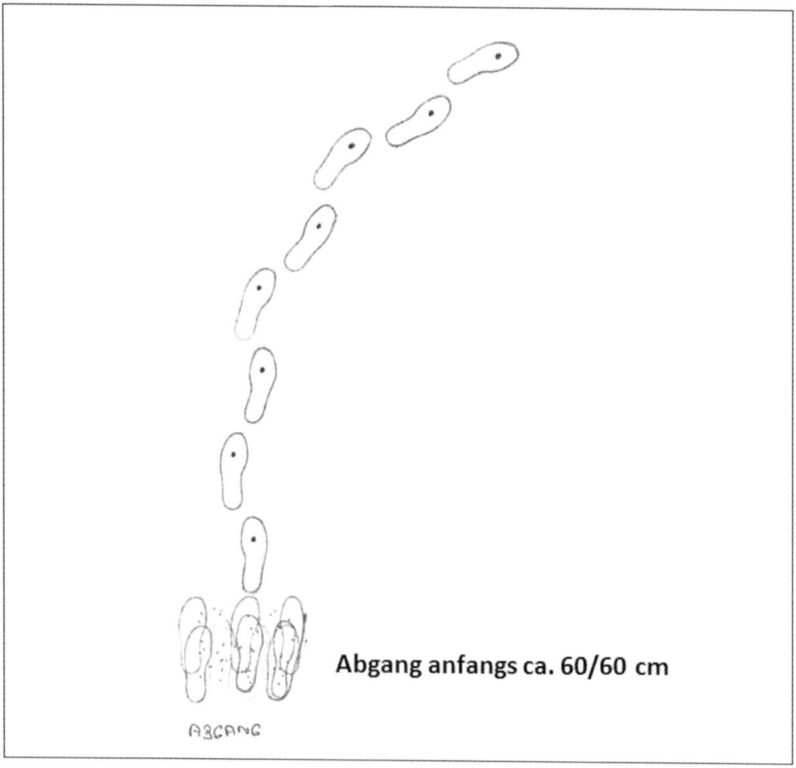

Der erste verkleinerte Abgang.

Bei den Stellen ohne Leckerlis müssen Sie den Hund genau beobachten. Wenn Sie bis jetzt alles richtig umgesetzt haben, zeigt der Hund keine Probleme. Wird er hier aber schneller, ist er noch nicht so weit und wir bleiben bei maximal fünf Tritten ohne Futter.

Wenn der Hund alles sicher und gleichmäßig ausarbeitet, beginnen wir damit, die Anzahl der Tritte mit und ohne Leckerli zu verändern.

WICHTIG!

Die Strecke der Tritte mit Futter ist größer als die Strecke ohne Leckerli.

Zeigt der Hund auch hier keine Veränderung des Suchverhaltens, beginnen wir damit, die Tritte in der Stärke des Auftretens zu verändern. Hier müssen wir darauf achten, dass die Tritte mit Leckerli stark und die Tritte ohne Leckerli normal getreten werden.

Warum? Legen wir die Leckerlis auf die Tritte mit schwacher Bodenverletzung, nimmt der Hund nur den Geruch der Leckerlis auf. Dies kann zu oberflächlichem Suchen führen. Ist die Bodenverletzung stärker, nimmt der Hund den Geruch mit Bodenverletzung auf und erhält dafür eine Bestätigung. Das wird bei vielen anderen Futteraufbaumethoden falsch gemacht.

Wir erhöhen die Anzahl der Abschnitte ohne Leckerli und reduzieren die Anzahl der Abschnitte mit Leckerli. Haben wir also anfangs zwei Bereiche ohne Leckerli, werden es mit der Zeit drei, vier, fünf Bereiche ohne Leckerli usw.

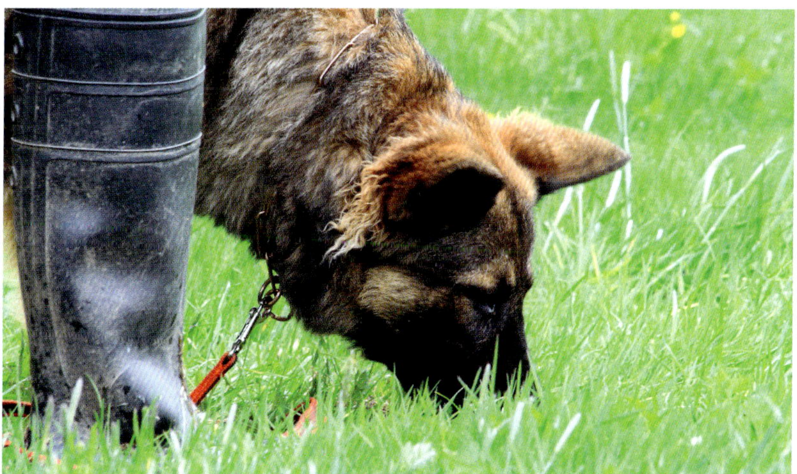

Abhängig davon, auf welcher Lernstufe sich der Hund befindet, sollte man immer wieder neue Schwierigkeiten einbauen.

Aber bitte achten Sie darauf, dass die Strecke der Abschnitte mit Leckerlis immer länger bleibt als ohne Leckerlis. Haben wir zum Beispiel einen Abschnitt mit 15 Schritten ohne Leckerlis getreten, folgt ein Abschnitt von 20 Schritten mit Leckerlis.

Jede neue Fährte ist gleichzeitig ein Test dafür, was der Hund schon gelernt hat. Diese Tests dienen dazu, unsere Hunde richtig lesen zu lernen und richtig zu handeln.

Bauen Sie immer wieder neue Schwierigkeiten ein, damit der Hund nicht auf einer Lernstufe stehen bleibt. Gehen Sie allerdings zu schnell vor oder erhöhen die Schwierigkeit zu sehr, wird dies vom Hund durch sein Verhalten angezeigt. Der Hund wird dann unruhig und unkonzentriert, verändert sein Suchtempo oder neigt zum Stürmen und Ziehen

Gehen Sie dann bitte wieder einen Schritt in der Ausbildung zurück, bis dieser gefestigt ist.

Die erreichte Länge von 350 Tritten kann vier rechte, zwei linke und zwei spitze Winkel beinhalten. Hierbei sind Ihrer Fantasie keine Grenzen gesetzt. Vermeiden Sie lange Geraden und treten lieber mehrere Bögen.

Beim Training gibt es Bereiche, die grundsätzlich mit Leckerlis gearbeitet werden:

- 15 Tritte vom Abgang
- 15 Tritte nach dem Gegenstand
- 10 Tritte vor und 15 Tritte nach dem Winkel

Sie vermeiden dadurch eine zu schnelle und oberflächliche Arbeit. Ab und zu kann getestet werden, wie sich der Hund ohne Leckerlis in diesen Bereichen verhält. Allerdings sollte man das nie über einen längeren Zeitraum durchführen und dafür öfter variieren. Der Hund sollte nicht nachvollziehen können, wie wir arbeiten, und stets in der Erwartung der Leckerlis sein.

Um Probleme zu vermeiden, sollten Sie nicht mit einzelnen Höhepunkten (Futterdepots) für den Hund auf der Fährte verteilt arbeiten. Dies würde den Hund dazu verleiten, schnell und oberflächlich suchend von Höhepunkt zu Höhepunkt zu eilen. Also bitte keine Futterdepots auf der Fährte einbauen!

Ebenso verhält es sich mit einzelnen Leckerlis, die sporadisch auf der Fährte abgelegt werden!

FUTTERDEPOTS

Als Futterdepots bezeichnet man punktuelle Bereiche, auf denen sehr viele Leckerlis liegen, gefolgt von vielen Tritten ohne Futter. Auch die Verwendung punktueller Bereiche mit einem Leckerli gefolgt von Tritten ohne Leckerli und dann wieder von einem Tritt mit einem Leckerli, kann zu Problemen führen.

Gehen Sie erst in den Acker, wenn die vorangegangenen Ausbildungsschritte sicher durchgeführt werden. Auf einem Acker lernt der Hund vor allem das Suchen von Schrägen, Winkeln und Bögen in einem neuen Gelände. Geradeaus zu suchen ist für den Hund kein Problem.

Das Fährten auf einem Acker erfolgt erst, wenn der Hund die bisherigen Ausbildungsschritte sicher ausführt.

Wenn ideale Bedingungen herrschen, kann der Hund ganz konzentriert der Fährte folgen.

Suchen im Acker

Im Acker setzen wir die ersten Tritte genau wie in der Wiese, sodass der Hund mit tiefer Nase die ganze Fährte ausarbeiten kann. Am Anfang sollte man die Schritte richtig durchtreten, um glatte Flächen für die Leckerlis zu haben (Wichtig!). Die Leckerlis sollen frei liegen und nicht mit Dreck bedeckt sein. Nicht in den Boden eintreten, um das Graben zu vermeiden!

Später versuchen wir immer mehr, in normaler Gangart zu legen, vorausgesetzt, es handelt sich um einen weichen Acker. In einen grobscholligen Acker gehen wir erst später, wenn die Arbeit des Hundes sicher gezeigt wird.

Im groben Acker arbeiten wir generell nicht mit Leckerlis. Danach können wir mit Wechselgelände, Wiese, Acker und im Wald weiterarbeiten.

Abgang der Fährte

Wie bringt man dem Hund den Abgang der Fährte bei?

Das Geruchsfeld wird immer kleiner, bis es schließlich nur die Größe von zwei nebeneinander gesetzten Fußabdrücken hat. Wir bestücken den Abgang genauso wie das Geruchsfeld mit Leckerlis, allerdings mit wesentlich weniger Leckerlis als wie im Geruchsfeld. Bei der weiterführenden Trittfährte legen wir in jeden Tritt ein Leckerli. Danach arbeiten wir, je nach Ausbildungsstand, wie in den vorhergehenden Kapiteln beschrieben weiter.

Auch wenn wir mit dem Futterabbau beginnen, sind die ersten 50 Tritte der Fährte mit Leckerlis bestückt! Dadurch lernt der Hund, sich vom Abgang zu lösen und der Fährte zu folgen.

Wie lernt der Hund es auch ohne Leckerli?
Wir lassen jetzt den deutlichen Abgang weg, gehen in die Wiese, bleiben stehen und reiben die Füße dabei leicht hin und her. Es sollte kein großer Abdruck entstehen. Hier werden zwei Leckerlis abgelegt, danach legen wir die Fährte wie zuvor beschrieben, wobei die ersten 50 Schritte mit Leckerlis bestückt werden. Nach der Liegezeit führen wir den Hund bis etwa einen halben Meter vor die Fährte, bleiben stehen und lassen ihn selbstständig aus der Bewegung einsuchen. Ist der Hund auch hier sicher, können wir ab und zu die Leckerlis weglassen.

Den Futterabbau haben wir bereits behandelt.

Ablenkungen und Verleitungen

Ab jetzt suchen Sie sich ein Gelände für die Fährtenarbeit, das sowohl von vielen Menschen als auch von Wild frequentiert wird. Für den Hund ist es kein Problem, fremde Spuren, welche die Fährte kreuzen, zu differenzieren. Ziel ist es, dass der Hund die aufgenommene Fährte verfolgt und nicht auf fremde Fährten wechselt.

Der Anfangsgeruch ist die leitende Duftkomponente. Spaziergänger mit Hunden werden ihn auch nicht beim Suchen ablenken. Wir können dieses Wechseln (Verleitungen) bzw. die Ablenkungen auch organisiert mit anderen Hundeführern durchführen, und zwar am besten, wenn wir noch mit Futter arbeiten.

VERLEITUNGEN

Als Verleitung bezeichnen wir Trittspuren, welche von Auftragspersonen gelegt worden sind und die von uns gelegte Fährte mehrfach überschneiden. Auch natürliche Verleitungen können unsere Fährte kreuzen wie zum Beispiel Wildspuren, Spuren von anderen Spaziergängern und deren Hunden oder Traktorspuren.

Übung!
Wir beauftragen eine uns bekannte Person, unsere Fährte an einem bestimmten Punkt zu überqueren. Auf die Verleitung wird kein Futter gelegt. Der Hund wird bei der Ausarbeitung die Verleitung erkennen, bleibt aber auf der Ursprungsfährte, denn diese ist ja noch mit Futter bestückt. Um den Schwierigkeitsgrad zu erhöhen, lassen wir die Person mehrfach die Fährte in unterschiedlichen Winkeln und zu versetzten Zeiten (nach 10, 15, 20 Minuten usw.) überqueren. Der Hund

Auch unter Ablenkung arbeitet der Hund sicher die Fährte aus.

lernt hierbei, die Fährten und Verleitungen zu unterscheiden. Später wechseln wir dann noch die Auftragspersonen, um einen Wiedererkennungswert für den Hund zu vermeiden.

Warum wechseln Hunde in die Verleitung?

Man erlebt selten, dass unsere Hunde, wenn sie richtig ausgebildet wurden, in die Verleitung wechseln. In der Natur, wo Wildtiere und Wanderer sich das Gelände teilen und quer über unsere Fährte laufen, gehört dies zu den „normalen Ablenkungen“, die aber keine Bedeutung für den Hund haben.

Bei Fährtenprüfungen kann es aber durchaus geschehen, dass ein Hund in die Verleitung wechselt. Grund dafür liefern die Fährten- und Verleitungsleger.

Die Prüfungsordnung schreibt vor, dass die Fährte zweimal gekreuzt werden muss. Die Fährtenleger stecken deswegen zwei Markierungen neben die Fährte, um dem Verleitungsleger zu signalisieren, an welchen Stellen er die Fährte kreuzen soll. Beim Stecken der Markierungen und beim Herausnehmen durch den Verleitungsleger bleiben viele Fährten- und Verleitungsleger stehen, dadurch entsteht ein anderer Geruch. Das kann zu Verwirrungen beim Hund führen und er folgt der falschen Fährte.

Um dies zu vermeiden, müssen sowohl Fährten- als auch Verleitungsleger ihre Arbeit vornehmen, ohne stehen zu bleiben, also quasi beim Laufen.

Arbeiten mit Leine

Für die Fährtenarbeit benötigen wir eine 5 Meter lange und eine 10 Meter lange Leine. Wir benutzen bei dieser Methode kein Such- oder anderes Geschirr. Die Leine wird nur am Kettenhalsband befestigt. Der Hund ist dadurch frei und kann sich nicht einwickeln, wie es beim Geschirr häufig mal passiert.

Die 5-Meter-Leine benutzen wir nur zum Üben. Sie reicht zum Lernen vollkommen aus. Ist der Hund dann fertig ausgebildet, verwenden wir die 10-Meter-Leine.

Übung!

Nun trainieren wir den Abstand zwischen Hund und Hundeführer. Wir legen eine Fährte, die ungefähr 1200 Schritte lang ist. Darauf sind sechs Gegenstände (siehe nächstes Kapitel) ausgelegt. Wir bleiben am Abgang stehen und lassen die Leine zwischen den Fingern bis zum Ende gleiten. Dabei sollte man unbedingt darauf achten, dass man sich kurz vor dem Ende der Leine in Bewegung setzt, damit der Hund keinen Ruck bekommt und stehen bleibt.

Sobald der Hund in Bewegung ist, verkürzen wir beim Nachgehen die Leine. Die Leine sollte man nicht krampfhaft halten, sie muss locker in der Hand liegen. Die Leine läuft zwischen Daumen und Zeigefinger hindurch.

Bis zum ersten Gegenstand wechseln wir ein paarmal den Abstand zum Hund. Das wiederholen wir zwischen den Gegenständen über den gesamten Fährtenverlauf. Nach dem Verweisen lassen wir den Hund weiterarbeiten und bleiben bis kurz vor dem Ende der Leine stehen, danach setzen wir uns wieder in Bewegung. Der Hund kann dabei, ohne zu ruckeln, weiter suchen.

Bei den Winkeln verkürzen wir den Abstand auf 3 bis 5 Meter.

Vor dem Gegenstand verkürzen wir anfangs auf 1 bis 2 Meter.

Bei der hier beschriebenen Methode wird nur mit Kettenhalsband, nicht mit Geschirr gearbeitet.

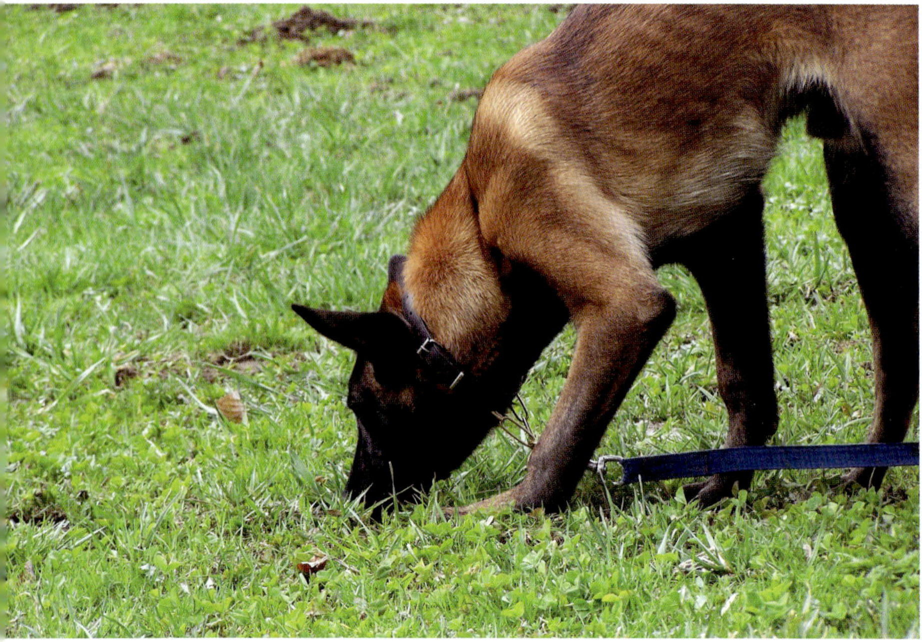

Beim intensiven Suchen sollte die Leine nicht unter Spannung sein, damit der Hund nicht beeinflusst wird.

Sollte der Hund die Fährte verlassen, verhalten wir uns wie folgt:

Haben wir die Leine in der Hand, dann drücken wir den Daumen auf die Leine und damit auf den Zeigefinger. Liegt die Leine auf dem Boden, treten wir darauf. In beiden Fällen bleiben wir einfach stehen. Die Leine ist nun fest und verhindert das zu weite Entfernen von der Fährte.

Wir sind absolut still, es gibt keine Aufmunterung und kein Lob. Der Hund soll selbstständig lernen, wieder auf die Fährte zu kommen. Die Vorarbeit haben wir bereits im Geruchsfeld und bei den anderen Übungen geleistet.

Sehr schnell wird der Hund lernen, wieder auf die Fährte zu gelangen, und weiter geht es. Nur wenn der Hund Selbstständigkeit auf der Fährte ohne Hilfe des Hundeführers lernt, kann er zum sicheren Fährtenhund ausgebildet werden. Die auf diese Art ausgebildeten Hunde werden nie weit von der Fährte abweichen.

Die Gegenstände

Gegenstandsarbeit bedeutet, dass der Hund einen ausgelegten Fährtengegenstand sicher und überzeugend verweisen soll. Um was für Gegenstände es sich dabei handelt, ist festgelegt. Die Gegenstände können aus verschiedenen Materialien (siehe unten), müssen aber 1,5 cm dick, 3 cm breit und 10 cm lang sein. Auf der Fährte werden sie dann in unterschiedlichen Abständen ausgelegt.

Wie viele Gegenstände in den einzelnen Prüfungsstufen benötigt werden, finden Sie im Kapitel „Informationen aus der aktuellen Prüfungsordnung“.

Nun ist der Hund so weit, dass er selbstständig die ganze Fährte absucht. Die Fährte sollte mindestens über 350 bis 450 Schritte keine Gegenstände beinhalten. Die Fährte muss vier rechte Winkel (zwei linke und zwei rechte), Bogen- und Schlangenlinie und zwei spitze Winkel ohne Gegenstand besitzen. Die so gelegte Fährte muss der Hund ohne Fehler mindestens zehnmal ausarbeiten, bevor wir mit Gegenständen anfangen.

Voraussetzung dafür ist, dass der Hund das Kommando „Platz“ beherrscht. Diese Übung haben wir dem Hund bereits beigebracht.

Bevor man mit dem Verweisen anfängt, sollte der Hund das Kommando „Platz“ sicher beherrschen.

Wir fangen nun mit den IPO-genormten Gegenständen an (Größe, Breite und Höhe sind vorgegeben). Verwenden Sie bitte keine anderen Gegenstände!

Die Gegenstände können aus folgendem Material bestehen: Leder, Stoff, Holz, Plastik, Kork, Teppich und Kunststoff.

Anfertigen der Gegenstände

Sie können die Gegenstände auch selbst herstellen. Der Vorteil dabei ist, dass diese Gegenstände sehr lange haltbar und praktisch sind.

Es werden zwei Teppichplatten von 50 x 50 cm Größe benötigt. Diese Platten werden zusammengeklebt. Gehen Sie damit am besten zum Schreiner, denn der hat auch die richtige Presse dafür und kann die erforderlichen Gegenstände später zuschneiden. Sie müssen 0,5 bis 1 cm dick, 2 bis 3 cm breit und 10 cm lang sein.

Vom Schreiner bekommen Sie auch Holzplattenreste, die Sie dann auf die gleiche Größe zurechtschneiden.

Im Bauhandel erhalten Sie Filz und Gummiplatten, die Sie selbst auf die entsprechende Größe zurechtschneiden können.

Wenn Sie Gegenstände aus Leder herstellen möchten, dann besorgen Sie sich einen Ledergurt mit einer Breite von etwa 3 cm. Schneiden Sie den Gurt in ungefähr 10 cm lange Streifen und kleben immer zwei Streifen aufeinander. Benutzen Sie keine Stofffetzen oder lose Teppichstreifen, denn diese würden schon bei leichtem Wind davon fliegen.

Eine Auswahl von selbst angefertigten Gegenständen für die Fährtenarbeit

WICHTIG!

Halten Sie die Gegenstände möglichst immer trocken. Sollten sie mal nass geworden sein, lassen Sie sie bitte unbedingt trocknen, bevor sie in einem Beutel oder Plastiksack verstaut werden.
Nach Gebrauch bitte die Gegenstände in der Kühltruhe aufbewahren, so verlieren sie den angenommenen Geruch und können problemlos später wieder verwendet werden, da sie dann den neuen Geruch aufnehmen. Gegenstände sollten vor der Fährte den Geruch des Fährtenlegers annehmen. Dazu müssen sie direkten Körperkontakt haben (nur in die Tasche stecken reicht nicht aus). Neue Gegenstände sollten zwei bis drei Stunden Körperkontakt haben. Bei gebrauchten Gegenständen reicht ungefähr eine halbe Stunde aus. Bewahren Sie die Gegenstände nicht immer zusammen in einem Behältnis auf, weil sie dann einen Eigengeruch und nicht den Individualgeruch des Fährtenlegers annehmen.

Gegenstände werden laut PO immer aus der Bewegung abgelegt, was aber nicht richtig formuliert ist. Es müsste heißen, aus der Bewegung fallen gelassen, denn der Fährtenleger darf hierbei nicht stehen bleiben.

Deswegen achten Sie schon beim Training auf die richtige Ausführung. Man lässt die Gegenstände vor sich fallen und macht einen Schritt darüber. Der Gegenstand muss immer im neutralen, nicht zertretenen Boden liegen bleiben. Egal wie der Gegenstand zu Boden fällt, lassen Sie ihn so liegen.

Der Gegenstand sollte in einem nicht zertretenen Bereich liegen bleiben.

Die Erfahrung hat uns gelehrt, dass einige Fährtenleger beim Ablegen der Gegenstände den Platz dafür austreten. Das wirkt auf den Hund wie ein Abgang. Viele legen den Gegenstand auch in die Tritte. Danach wundern sie sich, dass der Hund die Gegenstände nicht einmal angezeigt hat. Warum? Ganz einfach: Ein sehr schlecht oder wenig verwitterter Gegenstand wird in einer Duftwolke abgelegt, die den Geruch des Gegenstandes übertönt. Der Hund geht weiter mit tiefer Nase, als wenn da nichts gewesen wäre.

Deswegen trainieren Sie wie beschrieben und lassen die Gegenstände von Anfang an zwischen zwei Tritten fallen. Legen Sie auch bei Prüfungen Wert darauf, dass ordentlich gearbeitet wird. Viele Fährtenleger wollen, vor allem bei Vereinsprüfungen, den Hunden vermeintlich helfen. Sie dagegen möchten aber korrekt und ordentlich arbeiten. Spätestens bei einer höheren Prüfung, wie zum Beispiel einer Qualifikation oder Kreisausscheidung, wird sich die gut gemeinte Hilfe negativ bemerkbar machen.

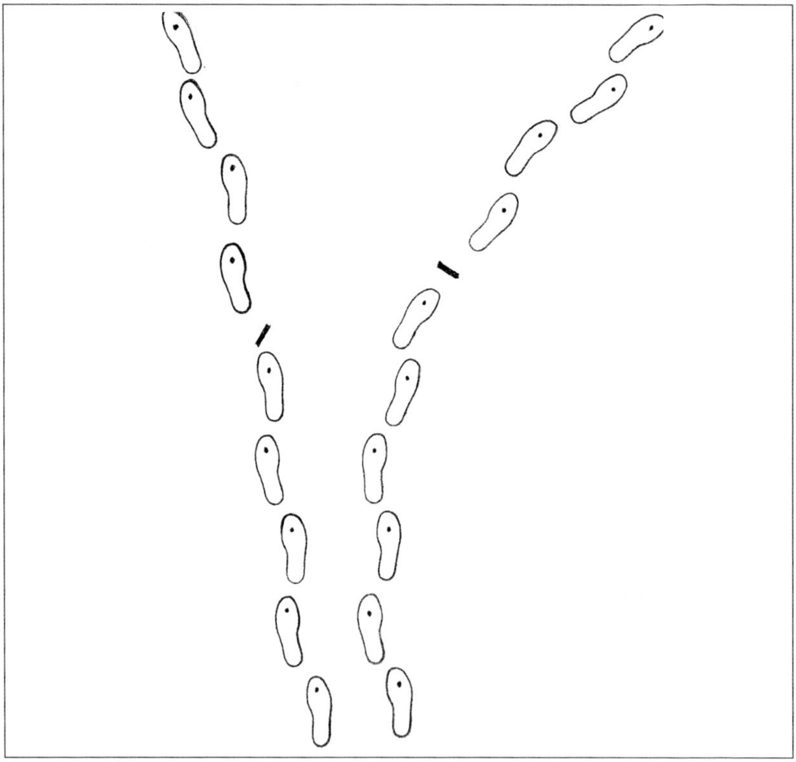

Die Gegenstände sollten immer zwischen zwei Tritten abgelegt werden.

Gegenstandsarbeit (Verweisen) im „Platz“

Der Hund soll lernen, den Gegenstand aufgrund seines Geruchs mit der Nase zu erfassen und anzuzeigen. Auf keinen Fall darf er mit den Augen suchen!

Der Hund muss lernen, erst zu verweisen, wenn der wahrgenommene Geruch des Gegenstandes am stärksten ist. Ist der Hund mit der Nase direkt am Gegenstand, helfen wir ihm anfangs mit dem Kommando „Platz“. Daher macht es keinen Sinn, die Gegenstandsarbeit in die Fährtenarbeit einzubauen, wenn der Hund das Kommando „Platz“ nicht sicher ausführt.

Am Gegenstand selbst wird nichts mit dem Hund gemacht, was ihn stören könnte, wie zum Beispiel den Hund festzuhalten, hinunterzudrücken oder anders auf ihn einzuwirken. Am Gegenstand wird nur das Kommando „Platz“ gegeben. Legt sich der Hund hin, wird sofort mit einem Leckerli bestätigt und gelobt, aber nicht überschwänglich. Ein verbales Kommando bereitet dem Hund keinen Stress.

Hier verweist der Hund korrekt in gerader Position.

Übung!
Wir fangen mit einem einzigen, gut verwitterten Gegenstand an, das heißt, dass der Fährtenleger den Gegenstand vor dem Legen der Fährte einige Zeit am Körper mit sich trägt. Dieser wird am Ende einer 350 Tritte langen Fährte fallen gelassen. 20 Tritte vor dem Gegenstand legen wir in jeden Tritt ein Leckerli. Wir achten darauf, dass der Gegenstand zwischen den Tritten liegt. Danach werden noch einmal 30 Tritte gemacht, die ebenfalls mit Leckerlis in jedem Tritt bestückt sind. Erst jetzt ist die Fährte zu Ende.

Gegenstandsarbeit ist Gehorsamsarbeit. Es ist nichts anderes als Platz aus der Bewegung. Der Hundeführer befindet sich neben dem Hund, der mit tiefer Nase Tritt für Tritt absucht. Sobald sich die Nase des Hundes am Gegenstand befindet, geben wir das Kommando „Platz" – und zwar nicht lasch, sondern dominant ausgesprochen.

Im gleichen Moment bekommt der Hund ein Leckerli auf den Gegenstand gelegt. Hier nehmen Sie bitte anfangs ein etwas größeres Stück, dann ist der Hund zuerst mit Kauen beschäftigt und bleibt ruhig liegen. Solange er frisst, darf gelobt und auch über den Kopf gestreichelt werden.

Wenn Sie den Hund belohnen, achten Sie bitte darauf, dass Sie sich nicht über den Hund beugen, sich hinknien oder ihn sogar bedrängen.

Der Hund würde sonst eventuell ausweichen, sich schräg ablegen oder mit Meiden reagieren. Das wollen wir unserem Hund nicht beibringen.

Sollte der Hund trotzdem schräg verweisen, nehmen wir den Gegenstand wieder in die Hand. Wir legen ein Leckerli darauf und ziehen den Hund (Gegenstand mit dem Leckerli darauf dicht am Boden vor der Nase des Hundes führen) so weit nach vorne in die Fährte, bis er wieder gerade positioniert ist. Mit dem Kommando „Platz" legen wir den Gegenstand mit dem Leckerli zwischen den Pfoten ab.

Anfangs kann es vorkommen, dass der Hund das Leckerli hinter dem Gegenstand aufnimmt und sich dann erst hinlegt. Dieses Leckerli müssen wir in dem Fall, bevor wir den Hund weiter arbeiten lassen, wieder ersetzen. Der Vorteil dabei ist, dass sich der Hund nach dem Kommando „Platz" streckt, um das Leckerli hinter dem Gegenstand zu erhaschen. Dadurch liegt der Hund perfekt (Gegenstand zwischen den Vorderläufen) und gerade am Gegenstand. Mit der Zeit lernt der Hund, nach dem Kommando „Platz" das Leckerli liegen zu lassen.

Und noch etwas Wichtiges zur Gegenstandsarbeit:

Am Gegenstand ist absolute Ruhe angesagt, es darf auf keinen Fall Hektik aufkommen. Der Hund liegt am Boden und zwischen den Pfoten befindet sich der Gegenstand. Um Ruhe zu erreichen, lassen wir den Gegenstand so lange liegen, bis sich der Hund beruhigt hat. Man sollte den Gegenstand auf keinen Fall schnell aufnehmen und weiter machen. Wir bestehen darauf, dass der Hund, liegen bleibt. Es ist eine schwierige Übung, die viel Geduld erfordert.

WICHTIG!

Keine Hektik am Gegenstand!

Viele Hundeführer machen am Gegenstand immer denselben Fehler: Der Hund verweist den Gegenstand und dann muss alles schnell gehen. Das ist falsch!

Der Hund verweist den Gegenstand nur einmal, deswegen darf er auch nur einmal belohnt werden. Mit der Stimme beruhigen wir den Hund und achten darauf, dass er liegen bleibt. Es werden keine weiteren Leckerlis mehr gegeben, da der Hund dadurch in eine unerwünschte Erwartungshaltung kommen und unruhig werden würde.

Natürlich ist es für den Hund anfangs schwierig, liegen zu bleiben, denn in jedem weiteren Tritt liegt ein Leckerli. Hier bestehen wir auf das Liegenbleiben. Nur der Hundeführer bestimmt, wann es weiter geht. Im Training sollte der Hund zwei Minuten ruhig liegen bleiben können. Legen Sie Wert darauf.

Übung!

Jetzt geht es prüfungsorientiert weiter. Der Hundeführer stellt sich gerade neben den Hund (den Richter stellen wir uns beim Training vor), zeigt den Gegenstand und steckt ihn in die Tasche. Vergessen Sie nicht, das Leckerli nach dem Gegenstand für den Hund nicht erkennbar zu ersetzen und in den nächsten Tritt zu legen.

Dann kommt leise mit Gefühl in der Stimme das Kommando „Suuuuuuch“.

Wer nicht von Anfang an Ruhe am Gegenstand übt, der wird am Gegenstand immer Probleme mit einem unruhigen Hund haben. Sollte sich der Hund selbstständig in Bewegung setzen und Sie reagieren zu spät, dann lassen Sie den Hund ungestört weiterarbeiten – nicht zurückziehen, nicht halten oder verbal einwirken.

Zur Aufgabe des Hundeführers gehört das genaue Beobachten des Hundes, dann kann dies nicht passieren. Beim Beobachten sollten Sie aber dem Hund nie in die Augen schauen. Denn er lernt die Mimik im Gesicht zu deuten und reagiert dementsprechend darauf. Daher den Hund immer nur aus dem Augenwinkel beobachten!

Der Hundeführer muss dem Richter den Gegenstand zeigen.

Nach dem letzten Verweisen wird wieder die Grundstellung eingenommen.

Wenn Sie feststellen, dass sich der Hund beim Gegenstand selbstständig in Bewegung setzen möchte, reagieren Sie sofort mit dem dominanten Kommando „Platz“.

Der Hund darf nur beim Verweisen gelobt werden. Ansonsten sind wir bei dem gesamten Verlauf der Fährte ruhig.

Am Ende der Fährte nehmen wir den Hund mit sachlichem Lob aus der Fährte. Der Hund soll nicht verknüpfen, wann die Fährte zu Ende ist. Diese Prozedur führen wir so lange durch, bis der Gegenstand sicher verwiesen wird.

Erst dann bauen wir den zweiten Gegenstand ein und verfahren genauso. Mit jedem zusätzlichen Gegenstand können wir die Fährte um etwa 150 Tritte verlängern.

Ab jetzt können Sie den Fährtenabgang ab und zu mit einer Fährtentafel kennzeichnen. Diese wird an die linke Seite des Abgangs gesteckt.

Wenn wir mit Leckerlis auf der Fährte arbeiten, sollten auch immer Leckerlis und nichts anderes (wie zum Beispiel Spielzeug) zum Einsatz kommen. Wer suchet, der findet!

Am Ende einer Prüfungsfährte muss der Hund beim amtierenden Leistungsrichter abgemeldet werden. Hierzu wird beim Leistungsrichter die Grundstellung – der Hund sitzt links neben dem Hundeführer – eingenommen werden. Beim Abmelden werden die gefundenen Gegenstände gezeigt. Das Ganze erfolgt nach dem Verweisen des letzten Gegenstandes.

Orientierung im Gelände

Wenn wir beginnen, die Fährtenlänge zu vergrößern, ist es wichtig, nicht die Orientierung zu verlieren.

Zunächst brauchen wir einen Notizblock, am besten in der Größe DIN A4, mit einem auch bei Nässe schreibbaren Kugelschreiber oder einem Bleistift (falls es mal regnet).

Auf dem Block zeichnen wir alle markanten Geländemerkmale wie Bäume, Sträucher, Büsche, Wege, Geländewechsel, Strommasten, Wälder usw. der Umgebung ein. Man sollte keine beweglichen oder mobilen Ziele für die Fährte auswählen.

Danach zeichnen wir den geplanten Fährtenverlauf in die Skizze ein. Das Üben erfolgt öfter, um Routine zu bekommen.

Schätzen Sie von Ihrem Standpunkt bis zu einem Baum den Abstand ein. Halten Sie die Zahl fest. Dann gehen Sie mit großen Schritten bis etwa 1 Meter auf den Baum zu. Haben Sie richtig geschätzt? Wenn ja, super, wenn nein, auch nicht schlimm. Übung macht den Meister!

Egal wo Sie sind: Schätzen Sie, schreiten Sie ab und Sie werden sehen, nach nicht allzu langer Zeit können Sie sehr gut schätzen. Vielleicht kennen Sie auch einen Fährtenleger oder Hundeführer, der ihnen dabei helfen kann. Bitten Sie ruhig um Unterstützung.

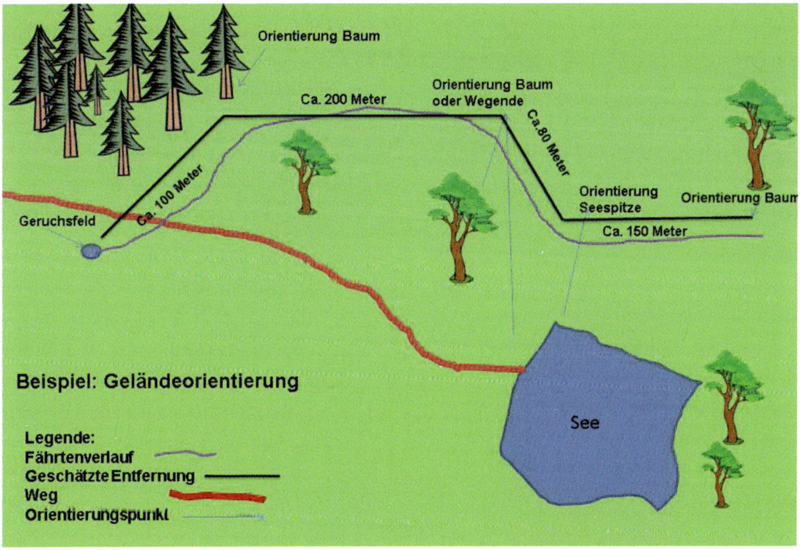

Eine genaue Skizze kann für die Orientierung im Gelände hilfreich sein.

In der Ausbildung zum Fährtenhund wird uns bald eine Fremdperson die Fährte (Fremdfährte) legen. Hier ist eine genaue Skizze zur Orientierung sehr wichtig. Außerdem können im Team Fehler schneller erkannt und eliminiert werden.

Gehen Sie bitte nicht zu nahe an natürliche Geländemerkmale wie einen Baum oder Geländewechsel heran, sonst kann es passieren, dass ein Rüde vielleicht seine Markierung setzt oder Ihr Hund, falls dies öfter vorkommt, die natürlichen Merkmale im Unterbewusstsein speichert und in sein gelerntes Suchbild einbaut.

WICHTIG!

Bauen Sie keine künstlichen Markierungen wie Fährtenstöckchen oder Markierungsspray oder -pulver als Hilfsmittel auf der Fährte ein. Hunde nehmen feinste Veränderungen auf der Fährte wahr und verwenden diese dann zur Orientierung. Arbeiten Sie nur mit natürlichen Orientierungspunkten.

Problembewältigung

Klappt es auch mit der Orientierung im Gelände, gibt es noch ein paar „Kleinigkeiten", die nicht außer Acht gelassen werden dürfen.

Jedem Hundesportler unterlaufen einmal Fehler, das liegt in der Natur der Sache. Auch der Hund arbeitet nicht wie eine Maschine. Denken Sie also erst darüber nach, bevor Sie vorschnell handeln.

Wir vermeiden jeglichen Druck wie Leinenruck oder verschärfte Hörzeichen, sondern analysieren die Situation, um Probleme zu lösen. In der modernen Hundeausbildung haben diese antiquierten Maßnahmen keinen Platz mehr.

Windeinfluss

Bei sehr starkem Wind kann es vorkommen, dass der Hund nicht genau in der Spur bleibt. Vor allem mit Futter, aber auch ohne, kann es sein, dass er je nach Windrichtung links oder rechts von der Spur sucht.

In dem Fall versuchen wir nicht, den Hund zurück auf die Fährte zu ziehen, denn jegliche Maßnahmen dazu bringen den Hund in eine Stresssituation. Damit lässt die Konzentration des Hundes nach oder er verweigert das Weitersuchen. Verlassen Sie sich auf Ihren Hund, denn er hat das Fährten gelernt.

Verlassen der Fährte

Es kann auch einmal passieren, dass der Hund die Fährte verlässt. Dafür kann es verschiedene Gründe geben.

Hunde finden häufig auf die Fährte zurück, wenn man sie ungestört suchen lässt.

Hierzu zählt zum Beispiel ein Fährtenabbruch. Das bedeutet, es gibt keine direkte Verbindung zur weiteren Fährte. Auch etwas sehr intensiv Riechendes neben der Fährte kann der Grund sein.

Bleiben Sie einfach ruhig stehen und geben Sie dem Hund die Zeit, wieder auf die Fährte zurückzufinden. Nicht rucken, sondern nur stehen bleiben und mit der Leine blockieren!

Der Hund wird nach einiger Zeit wieder auf die Ursprungsfährte zurückkehren. Er macht hierbei eine wichtige Erfahrung: Es geht nicht weiter, wenn er die Fährte verlässt. Es gibt auch keinerlei Belohnungen.

Kommt der Hund wieder auf die Fährte zurück, wird er bei einer Futterfährte durch das Futter bestätigt bzw. kann der Hund selbstständig ungestört weitersuchen. Durch das selbstständige Lösen des Problems wird auch der Hund ruhig bleiben und das richtige Verhalten in solchen Situationen abspeichern. Dies wäre: Ruhig die nähere Umgebung absuchen, es geht hier irgendwo weiter.

Überforderung

Wir Menschen neigen dazu, unsere Hunde manchmal zu überfordern, wenn es zum Beispiel sehr heiß oder das Gelände sehr schwierig ist. Wie kann ich die Überforderung erkennen?

Der Hund sucht nicht mehr direkt am Boden, sondern mit sogenannter „hoher Nase“ oder der Hund sucht mit geöffnetem Fang.

Am besten brechen wir die Fährte an der Stelle dann ab. Auf diese Weise vermeiden wir eine negative Verknüpfung zur Fährtenarbeit und eine falsche Einwirkung unsererseits. Unser Hund weiß nicht, wann die Fährte zu Ende ist. Das haben wir dem Hund schon vermittelt. Insofern hat er auch kein Problem damit.

Gegenstand wird überlaufen

Auch das kommt vor. Der Hund hat eventuell eine schwierige Fährte und ist so konzentriert, dass der Gegenstand außer Acht gelassen wird. Er liegt eventuell im Tritt oder der Fährtenleger ist stehen geblieben. Wir nehmen den Gegenstand auf und platzieren ihn etwas weiter vorne auf der Fährte.

Und dies können wir dann beim nächsten Gegenstand tun: Wir lassen den Hund ein bisschen länger am Gegenstand liegen, gehen etwas weiter nach vorne und legen den überlaufenen Gegenstand wieder auf die Fährte. Wir können auch eine andere Person damit beauftragen. Wir achten auf das richtige Verweisen des wieder ausgelegten Gegenstandes und können es mit der Abgabe des Hörzeichens „Platz“, wie gelernt, verbinden.

Es könnte auch sein, dass der Gegenstand nicht richtig verwittert ist, dies bedeutet, er war zu kurz am Fährtenleger und der Individualgeruch ist noch nicht ausreichend vorhanden.

Sollten nicht hier genannte Probleme auftauchen, bleiben Sie ruhig und gelassen, beenden die Fährte positiv und besprechen Sie das Ganze im Team oder mit anderen Hundeführern.

Die Fährtenarbeit soll Ihnen und Ihrem Hund Spaß machen und eine tolle Ergänzung zum normalen Hundeleben darstellen. Auf diese Weise erhalten Sie einen gut ausgebildeten Fährtenhund, der mit Begeisterung fährten wird und dem Hundeführer viel Freude bereitet.

So geht es weiter

Sie haben nun alle Grundlagen zur optimalen, korrekten Fährtenarbeit erhalten. Machen Sie nicht den Fehler und arbeiten immer nach demselben Schema mit Ihrem Hund. Abwechslungsreiches Fährtentraining bietet Ihnen und Ihrem Hund die Möglichkeit, immer wieder neue Erfahrungen zu sammeln und das Gelernte zu festigen. Sie lernen Ihren Hund richtig zu lesen und können bei auftretenden Schwierigkeiten sofort und richtig reagieren.

Treten Sie zwischendurch immer wieder einmal ein Geruchsfeld. Dann wieder ein Geruchsfeld mit Schwänzle, eine Fährte mit mehr Futter und so weiter.

Gehen Sie in unterschiedliche Gelände, erhöhen Sie den Schwierigkeitsgrad und machen es dann wieder einfach. Ihr Hund sollte immer ruhig und intensiv mit tiefer Nase arbeiten. Bleiben Sie konsequent.

Bauen Sie die Arbeit mit dem Hund wie eine Treppe auf. Es geht weiter, bleibt auf einer Höhe, geht wieder weiter, geht auch wieder zurück.

Milan und mir liegt es am Herzen, die Fährtenausbildung möglichst fehlerfrei zu vermitteln. Sollten bei Ihnen Probleme auftreten, die nicht behandelt wurden, gehen Sie ein paar Schritte in der Ausbildung zurück. Der Hund zeigt uns die gemachten Fehler und hier sollten wir in der Ausbildung wieder einsteigen.

Sollten Sie Unterstützung bei der Fährtenarbeit benötigen, können Sie gerne ein Seminar mit Milan besuchen. Die Kontaktadresse ist im Anhang aufgeführt.

Von einem Kurs bei Milan profitieren alle Beteiligten.

Wills't Fährten – Wissen ins Hirn dir schichten,
geh zum Milan, der wird's richten.

Nachahmung ist die höchste Form der Anerkennung!

In diesem Sinne wünschen wir Ihnen viel Spaß und Freude bei der Ausbildung Ihres Fährtenhundes.

Anhang

Gebräuchliche Abkürzungen

FCI = Fédération Cynologique Internationale
PO = Prüfungsordnung
IPO-1 = Internationale Prüfung für Gebrauchshunde Stufe 1
SchH-1= Schutzhundeprüfung Stufe 1
IPO-2 = Internationale Prüfung für Gebrauchshunde Stufe 2
SchH-2= Schutzhundeprüfung Stufe 2
IPO-3 = Internationale Prüfung für Gebrauchshunde Stufe 3
SchH-3= Schutzhundeprüfung Stufe 3
FH1 = Fährtenhundeprüfung Stufe 1
FH2 = Fährtenhundeprüfung Stufe 2
IPO-FH = Internationale Fährtenhundeprüfung
IPO-ZTP = Zuchttauglichkeitsprüfung nach IPO
IPO-VO = Vorprüfung nach IPO
Abteilung A = Fährtenarbeit aus der PO
HF = Hundeführer
GF = Geruchsfeld
LR = Leistungsrichter

Trainingstagebuch

Ein Trainingstagebuch ist für den Hundeführer ein wichtiger Bestandteil der Ausbildung. In ihm können Sie Trainingspläne, ausführliche Notizen, Fortschritte, eine Signalliste (Kommandos), eine Belohnungsliste usw. dokumentieren.

Notieren Sie sich Ihre gemeinsamen Erfolge in ein Trainingstagebuch. Es ist eine wahre Erleichterung im Hundetraining. Sie haben stets den Überblick, an welchen Orten und unter welchen Ablenkungen Sie bereits mit Erfolg trainiert haben.

Das Tagebuch können Sie leicht einstecken und zum Training mitnehmen. Die Notizen sind schnell gemacht. Und ein durchdachtes Training spart Zeit, denn Sie erreichen Ihre Ziele viel schneller. Sie haben Ihre Fortschritte und den augenblicklichen Übungsstand stets im Blick.

Ein Beispiel ist auf der nächsten Seite aufgeführt. Sie können es individuell für sich gestalten oder ein Trainingstagebuch im Handel käuflich erwerben.

Trainingstagebuch

Datum	Übung/Besonderheiten	Fortschritt/Stand	Nächster Schritt

Informationen aus der aktuellen Prüfungsordnung

Nachfolgend sind die wichtigsten Informationen für die Fährtenausbildung aus den einzelnen Prüfungsstufen aufgeführt. Abteilung „A“ steht in diesem Fall für die Fährtenarbeit.

IPO-VO Abteilung „A“
Eigenfährte, ca. 200 Schritte, zwei Schenkel, ein Winkel (ca. 90°), ein dem HF gehörender Gegenstand, ohne Liegezeit auszuarbeiten, Ausarbeitungszeit 10 Minuten

Ansatz: 10 Punkte
Halten der Fährte (29 + 30): 59 Punkte
Winkel: 10 Punkte
Gegenstand: 21 Punkte
Gesamt: 100 Punkte

IPO ZTP Abteilung „A“
Eigenfährte, mindestens 300 Schritte, drei Schenkel, zwei Winkel (ca. 90°), zwei dem HF gehörende Gegenstände, Liegezeit mindestens 20 Minuten, Ausarbeitungszeit 15 Minuten

Halten der Fährte: 79 Punkte
Gegenstände (11 + 10): 21 Punkte
Gesamt: 100 Punkte

IPO-1 Abteilung „A“
Eigenfährte, mindestens 300 Schritte, drei Schenkel, zwei Winkel (ca. 90°), zwei dem HF gehörenden Gegenstände, Liegezeit mindestens 20 Minuten, Ausarbeitungszeit 15 Minuten

Halten der Fährte : 79 Punkte
Gegenstände (11 + 10) 21 Punkte
Gesamt 100 Punkte

IPO-2 Abteilung „A"
Fremdfährte, mindestens 400 Schritte, drei Schenkel, zwei Winkel (ca. 90°), zwei Gegenstände, Liegezeit mindestens 30 Minuten, Ausarbeitungszeit 15 Minuten

Halten der Fährte: 79 Punkte
Gegenstände (11 + 10): 21 Punkte
Gesamt: 100 Punkte

IPO-3 Abteilung „A"
Fremdfährte, mindestens 600 Schritte, fünf Schenkel, vier Winkel (ca. 90°), drei Gegenstände, Liegezeit mindestens 60 Minuten, Ausarbeitungszeit 20 Minuten

Halten der Fährte: 79 Punkte
Gegenstände (7 + 7 + 7): 21 Punkte
Gesamt: 100 Punkte

Fährtenhunde-Prüfung Stufe 1 FH1

1. Leistungen in der Fährtenarbeit
Der Hund hat seine Fährtensicherheit auf einer mindestens 1200 Schritte langen und mindestens drei Stunden Liegezeit alten Fremdfährte, die sechs dem Gelände angepasste rechte Winkel aufweisen muss und mindestens zweimal von einer frischeren Fremdfährte an geräumig auseinander liegenden Punkten geschnitten wird, zu zeigen. Auf der Fährte liegen in unregelmäßigen Abständen vier mit der Witterung des Fährtenlegers gut versehene Gegenstände, die der Fährtenleger mindestens 30 Minuten vorher in der Tasche trug. Innerhalb einer Fährte müssen unterschiedliche Gegenstände verwendet werden. (Material: zum Beispiel Leder, Textilien, Holz). Die Gegenstände müssen eine Länge von ca. 10 cm, eine Breite von 2 bis 3 cm und eine Dicke von 0,5 bis 1 cm aufweisen Die Gegenstände dürfen sich optisch nicht wesentlich vom Fährtenuntergrund abheben.

Halten der Fährte: 79 Punkte
Gegenstände (3 x 5, 1 x 6): 21 Punkte
Gesamt: 100 Punkte

Fährtenhunde-Prüfung Stufe 2 FH2

Fremdfährte mit je etwa 1800 Schritten, acht Schenkel, sieben Winkel, sieben Gegenstände, Liegezeit etwa 180 Minuten, Verleitungsfährte, Ausarbeitungszeit 45 Minuten

Halten der Fährte: 79 Punkte
Gegenstände (7 x 3): 21 Punkte
Gesamt: 100 Punkte

IPO-FH

Zwei Fremdfährten mit je etwa 1800 Schritten, acht Schenkel, sieben Winkel, sieben Gegenstände, Liegezeit etwa 180 Minuten, Verleitungsfährte, Ausarbeitungszeit 45 Minuten

Punkteaufteilung

	1. Tag	2. Tag	Gesamt
Halten der Fährte	79	79	158
Gegenstände 7 x 3	21	21	42
Gesamt	100	100	200

Bericht aus einem Seminar

Diese Meinung einer Teilnehmerin von einem Seminar bei Milan spiegelt die Ausführungen im vorliegenden Buch wider und steht stellvertretend für die vielen Hundeführer, die nach dieser Methode ausbilden.

Auf der Suche nach einer gewaltlosen Art der Fährtenausbildung für unseren überaus triebigen Malinois-Rüden stieß ich im Internet auf Berichte über Fährtenseminare mit Milan Hoyer. Da ich nur positive Beiträge finden konnte mit teilweise sehr detaillierten Ausführungen der Seminarteilnehmer über die stressfreie Ausbildung für Hund und Mensch, beschloss ich, genau solch ein Seminar mit unserem Problemhund zu buchen.

Am Anfang unseres Seminars stand bei unserem Kennenlernabend die gegenseitige Vorstellung der angereisten Teams im Mittelpunkt. Für mich war es ein sehr interessanter und informativer Abend. Da nicht nur Teilnehmer mit Problemhunden, sondern auch Anfänger und erfahrene Fährtenhundeführer unter uns waren, wurden meine Neugier und auch Skepsis noch größer. Der Wunsch, unserem Hund das Fährten näher zu bringen, und der Zweifel, warum gerade Milan es schaffen sollte, mit seinem System dem Hund die nötige Ruhe zu bringen, um aufnahmefähig zu sein, damit sich ein Lernerfolg einstellt, wurde immer größer und ließ mich noch mehr dem ersten Seminartag entgegenfiebern.

Hoch motiviert trafen sich die Teilnehmer morgens und gingen gemeinsam auf das Fährtengelände. Milan begann mit einer kurzen Einführung über sein System der Fährtenausbildung „Fährten lernen ohne Stress und ohne Zwang“ und zeigte

uns, wie wir ein Geruchsfeld legen sollten. Gleichzeitig konnten, sollten und durften Fragen gestellt werden. Warum auf ein paar Besonderheiten zu achten ist und diese von großer Bedeutung sind, wurde intensiv erläutert. Alle Fragen wurden ausführlich und in verständlicher Weise beantwortet. Das war ein sehr bedeutender Punkt für mich persönlich, da ich es sehr wichtig finde, die genauen Hintergründe zu kennen und auch zu verstehen, um es richtig umzusetzen und weiterzugeben.

Es wurde nicht gleichzeitig gesucht, sondern alle Teilnehmer standen bei den suchenden Hunden in unmittelbarer Nähe, damit jeder Hund auch unter Ablenkung freudig und eigenständig die Arbeit aufnimmt. In unserem Seminar waren die verschiedensten Rassen vertreten, die vom Temperament her nicht unterschiedlicher hätten sein können. Besonders hervorzuheben bei diesem System der Fährtenausbildung war, dass jeder Hund – ob quirlig, gestresst oder eher ruhig und uninteressiert – die Arbeit eigenständig aufnahm, ohne dass der Hundeführer oder Milan in irgendeiner Form auf den Hund einwirkte. Für mich war gerade dies sehr beeindruckend, da mein junger und hibbeliger Mali von Minute zu Minute ruhiger wurde und sich in keiner Weise von mir oder den anderen Teilnehmern ablenken ließ.

Natürlich gab es Unterschiede bei den einzelnen Hunden, was die Länge der Konzentrationsfähigkeit und die Intensität des Suchens anging, aber jeder der Hunde nahm die Arbeit freudig auf. Trotz des schlechten Wetters und der auch für die Hundeführer anstrengenden Arbeit ging es am nächsten Morgen freudig weiter.

Begonnen mit dem am Tag zuvor Erlernten wurde gestartet und wenn das positiv und intensiv abgearbeitet war, wurden wir in den zweiten Schritt eingewiesen. Das Geruchsfeld wurde erweitert, es wurde ein „Schwänzle“ daran gelegt, so nannte Milan den Halbkreis. Nun begann für mich und auch ein paar andere Teilnehmer die schweißtreibende Arbeit.

Zuerst wurde das Geruchsfeld abgesucht, bis der Hund wirklich ruhig und intensiv bei der Arbeit war. In dieser Zeit wurde nur der Abgang, wo sich das Schwänzle befand, von Milan abgesperrt. Sobald der Hund ruhig genug war, gab Milan den Abgang frei und der Hund ging eigenständig mit tiefer Nase in gleichmäßigem Tempo die Fährte (Schwänzle) ab. Nie zuvor hatte ich erlebt, dass auch ein Hund, der keinerlei Vorkenntnisse hatte, so zielstrebig und genau die Fährte aufnahm.

In den nächsten Tagen wurden also Geruchsfelder gelegt, Schwänzle, rechte Winkel, linke Winkel und auch Spitzwinkel wurden hinzugefügt, und siehe da, auch dies war kein Problem für die Hunde. Es war eine sehr lehrreiche und auch eine sehr anstrengende Woche, da dem Hundeführer auch einiges abverlangt wurde. Alles in allem kann ich nur jedem empfehlen, ein Seminar bei Milan zu besuchen. Dieses Seminar ist nicht nur für Anfänger, sondern, wie ich finde, gerade für Problemhunde eine super Sache.

Andrea S.

Zu den Autoren

In eigener Sache: Milan Hoyer

Liebe Hundefreunde,
ich bin seit mehr als 50 Jahren im aktiven Hundesport tätig. Ich habe in den ganzen Jahren um die 500 Prüfungen abgelegt, die meisten davon in FH1, FH2, IPO-FH und FCI-FH2. Seit 40 Jahren widme ich mich hauptsächlich der Fährte. 16 Jahre führte ich drei Deutsche Schäferhunde, 16 Jahre Riesenschnauzer und 15 Jahre führte ich Malinois. Seit neun Monaten habe ich wieder einen jungen Deutschen Schäferhund, der nur in der Fährte ausgebildet wird.

Während meiner Jugendzeit hatte ich einen sehr guten Lehrmeister, der Diensthundeführer bei der Kriminalpolizei war. Er hat mir sehr viel über die Nasenarbeit des Hundes beigebracht, auch wenn damals in den 1950er-Jahren ganz andere Ausbildungsmethoden praktiziert wurden als heute. Er war ein echter Profi. Ich habe von ihm sehr viel gelernt und das wird weiterhin von mir mit meiner Erfahrung in der Fährtenhund-Ausbildung in moderner Form angewendet, erweitert und verfeinert.

In den zahlreichen von mir angebotenen Seminaren vermittle ich mein Wissen an interessierte Fährtenfreunde. Meine Methode ist in der ganzen Welt begehrt und deswegen habe ich beschlossen, zusammen mit Klaus Jadatz über meine Philosophie „Fährten lernen ohne Stress und ohne Zwang" ein Buch zu schreiben.

Hier ein Kommentar einer Seminarteilnehmerin:
Fährtenseminar mit Milan Hoyer im April 2012 auf dem Edberghof.
Angefangen haben wir mit dem Legen von Kreisen, aufgehört mit einer Fährte von 350 Schritten Länge. Diese beinhaltete Schlangenlinien, zwei Rundbögen, vier rechte Winkel und drei spitze Winkel. Diesmal wurde dann die Fährtenleine das erste Mal von Milan gehalten, der mit lockerer Leine etwa 3 Meter hinter Jana lief. Ich selbst ging ruhig, ohne was zu sagen, auf Kopfhöhe von Jana nebenher. Hätte mir das jemand drei Tage vorher gesagt, hätte ich ihn schlichtweg für „verrückt" erklärt. Überhaupt war es kaum zu glauben, dass Hunde, die zu Anfang einen kaum zu kontrollierenden Vorwärtsdrang hatten, auf einmal ruhig, Schritt für Schritt suchen konnten – und dies ohne Stress und Zwang. Es war schon beeindruckend.

Im Folgenden sind noch einige der vielen sportlichen Leistungen meiner Hunde aufgeführt.

Nach den Schäferhunden ist als erster Riesenschnauzer, Basko Addi vom Föhrenwald, zu uns gekommen. Er war ein verrückter, aber lustiger Hund. Mit Basko habe ich es bis zur SchH 2 geschafft. Im Schutzdienst war er nicht zu bändigen. Leider zog er sich beim Training eine Wirbelsäulenverletzung zu. Danach ist er nur noch in FH 1 geführt worden und das 136-mal. Basko war Bayerischer FH-Meister und mehrfacher Vizemeister. Er nahm zweimal an der Deutschen Meisterschaft FH teil. In Geroldshofen belegte er den 3. Platz und ein Jahr später in Ober Ramstadt den 4. Platz mit 97 Punkten.

Seit der Umstellung auf FH sind immer mehr Hundeführer zu mir gekommen und wollten mit mir Fährten gehen. Das war der Anfang der heutigen Fährten-Seminare. Erst fand das nur privat und mit Einzelpersonen statt, später sind es dann ganze Gruppen geworden.

In dieser Zeit ist der schwarze Riesenschnauzer Eyck Ladior aus Tschechien zu uns gekommen. Er war ein sehr schöner Hund und schaffte SchH 3, IPO 3, FH 1 sowie FH 2. Er wurde ein super Fährtenhund. Eyck war Bayerischer FH-Meister und mehrfacher Vizemeister. Er nahm mehrfach an den Deutschen Meisterschaften FH des dhv teil, wobei er immer eine super Platzierung erreichte Platz 4, Platz 5, Platz 7. Auch an der VDH-Qualifikation zum FCI-FH-Welt-Cup hat er mehrmals erfolgreich teilgenommen. Erfolgreich war er auch bei Deutschen FH-Meisterschaften des PSK

Mit Kimber v. Haus Mecki mehrfache Qualifikation zur Bayerischen Meisterschaft FH und Vereinsmeister FH mit 100 Punkten. Teilnehmer an der Deutschen Meisterschaft FH und DMC Championat mit guter Platzierung.

Milan Hoyer

In eigener Sache: Klaus Jadatz

Seit über 30 Jahren betreibe ich Gebrauchshundesport, früher noch Schutzhundesport genannt. Ich bin als Trainer und Hundeführer aktiv. Als Hundeführer nahm ich zweimal erfolgreich an deutschen Meisterschaften im Schutzhundesport sowie einer FCI-Qualifikation (Qualifikation zur Weltmeisterschaft der deutschen Mannschaft aller Gebrauchshunde) teil. Im Laufe der Jahre habe ich mich intensiv weitergebildet und zum Leistungsrichter für Schutzhundesport, swhv Team-Balance® Trainer und Multiplikator (Train the Trainer) ausbilden lassen. Zusätzlich führte ich zusammen mit meiner Ehefrau Silla unzählige Seminare im Gebrauchshundesport sowie Anfänger- und Weiterbildungsseminare mit dem Sekundärverstärker Clicker durch. Zeitgleich besuchte ich viele Seminare namhafter Hundesportler und Hundesachverständiger.

Seit 2012 bin ich als Obmann für Gebrauchshundesport im swhv (Südwestdeutscher Hundesportverband) für die Ausbildung der Schutzdiensthelfer, Fährtenleger und die Ausbildung allgemein verantwortlich.

In meinem Buch „Der moderne Gebrauchshund“ habe ich meine Erfahrungen der Fährtenarbeit inspiriert von Milans Methode und meinen Erfahrungen beschrieben. Nun ist es mir eine Ehre und Freude, Milan Hoyers Philosophie der Fährtenarbeit in Reinkultur in diesem Buch für interessierte Fährtenfreunde niederzuschreiben.

Klaus Jadatz

Nützliche Adressen

Die Internetseite von Milan Hoyer
http://www.faehrten-seminare.de/

Die Prüfungsordnung ist im swhv-Shop erhältlich.
www.mein-swhv.de/de/swhv-drucksachen.html

Verband für das Deutsche Hundewesen
www.vdh.de

Deutscher Hundesport Verband
www.dhv-hundesport.de

Südwestdeutscher Hundesportverband
www.swhv.de

Bayerischer Landesverband für Hundesport
www.blv-hundesport.de

Deutscher Sporthund Verband
www.dsv-dog.de

Hundesportverband Rhein-Main
www.hsvrm.de

Schutz- und Gebrauchshunde Sportverband
www.sgsv-hundesport.de

Deutscher Verband der Gebrauchshundesportvereine
www.dvg-hundesport.de

Rassezuchtverbände, die dem VDH angeschlossen sind

Klub für Terrier
www.airedale-kft.de

Allgemeiner Deutscher Rottweiler Klub
www.adrk.de

Boxer Klub München
www.bk-muenchen.de

Internationaler Boxerclub Hamburg
www.ibc-boxerclub.de

Dobermann Verein
www.dobermann.de

Pinscher-Schnauzer-Klub
www.psk-pinscher-schnauzer.de

Deutscher Malinois Club
www.mechelaar.de

Deutscher Klub für Belgische Schäferhunde
www.dkbs.de

Belgische Schäferhunde Deutschland
www.bsd-ev.com

Verein für Deutsche Schäferhunde
www.schaeferhunde.de

Schäferhundverein RSV 2000
www.rsv2000.de

Deutscher Bouvier Club
www.deutscherbouvierclub.de

Rassezuchtverein für Hovawarthunde
www.hovawart.org

Hovawart Zuchtgemeinschaft Deutschland
www.hovawarte.com

Hovawart-Club
www.hovawart-club.de

Weitere Literatur

- Bohne, Claudia: **Hundezucht – Es liegt in unserer Hand!** Oertel+Spörer, Reutlingen 2022.
- Fallscheer, Ute: **Der Weg zum guten Hundeführer.** Oertel+Spörer, Reutlingen 2018.
- Gelhaus, Nadine: **Futterfibel. Hunde gesund ernähren.** Oertel+Spörer, Reutlingen 2013.
- Göbel, Michaela: **Taube Hunde. Umgang – Erziehung – Ausbildung.** 3. Auflage. Oertel+Spörer, Reutlingen 2025.
- Hartmann, Michael: **Patient Hund.** 4. Auflage, Oertel+Spörer, Reutlingen 2025.
- Horst, Harmke: **Personenspürhunde im Einsatz und Training.** Oertel+Spörer, Reutlingen 2022.
- Howald, Erika: **Wenn Hunde das Sagen hätten ... würden sie Menschen anleinen.** Oertel+Spörer, Reutlingen 2017.
- Jadatz, Klaus: **Der moderne Gebrauchshund. Zeitgemäße Ausbildung für Schutzdienst, Fährte, Unterordnung.** 5. Auflage, Oertel+Spörer, Reutlingen 2023.
- Jansen, Karin: **Rassespezifisches Territorialverhalten bei Hunden – Richtiges Verständnis und Erziehung.** 2. Auflage, Oertel+Spörer, Reutlingen 2018.
- Jansen, Karin: **Rassespezifisches Jagdverhalten bei Hunden – Verständnis, Beschäftigung, Jagdkontrolle.** Oertel+Spörer, Reutlingen 2014.
- Kolbe, Katrin und Lehari, Gabriele: **Nasenarbeit.** Oertel+Spörer, Reutlingen 2013.
- Kolbe, Katrin: **Wie Hunde lernen.** Oertel+Spörer, Reutlingen 2016.
- Koller, Raphaela: **BARF-Rezepte.** 4. Auflage, Oertel+Spörer, Reutlingen 2015.
- Krause, Michael: **Erste Hilfe beim Hund.** Oertel+Spörer, Reutlingen 2024.
- Küng, Silvia: **Sozialpartner Hund.** Oertel+Spörer, Reutlingen 2016.
- Lehne, Anke: **Zeitgemäße Jagdhundeführung.** 3. Auflage, Oertel+Spörer, Reutlingen 2022.
- Lehne, Anke: **Fährtentraining für Jagdhunde.** Oertel+Spörer, Reutlingen 2019.
- Müller, Anja Carmen und Lehari, Gabriele: **Der Therapiehund.** Oertel+Spörer, Reutlingen 2023.
- Nehmet, Manuela: **Beschwichtigen, Drohen oder nur Spielen? Die Signale des Hundes richtig deuten.** Oertel+Spörer, Reutlingen 2017.
- Nehmet, Manuela: **Shapen. Positive Verstärkung in der Hundeerziehung mit Markersignalen.** Oertel+Spörer, Reutlingen 2018.
- Reichenbach, Uta: **Wie Hunde kommunizieren.** Oertel+Spörer, Reutlingen 2011.
- Röthig, Doris: **Rettungshundeausbildung zur Flächensuche.** 2. Auflage, Oertel+Spörer, Reutlingen 2016.
- Ruhsam, Kerstin: **Aromatherapie für Hunde.** 3. Auflage, Oertel+Spörer, Reutlingen 2022.
- Schilling, Ines: **Fahrradfahren mit Hund.** Oertel+Spörer, Reutlingen 2021.
- Viehweger, Marjam: **Ernährungsberater für Hunde.** Oertel+Spörer, Reutlingen 2020.
- Werner, Tina: **Wellness für Hunde. Massage und Physiotherapie für jeden Tag.** 2. Auflage, Oertel+Spörer, Reutlingen 2016.